畜牧养殖废弃物处理的
环境经济效应研究

马永喜　著

中国环境出版社·北京

图书在版编目（CIP）数据

畜牧养殖废弃物处理的环境经济效应研究/马永喜著.
—北京：中国环境出版社，2015.7（2016.9 重印）
ISBN 978-7-5111-2456-2

Ⅰ．①畜…　Ⅱ．①马…　Ⅲ．①畜牧场—饲养场
废物—废物处理—环境经济—研究　Ⅳ．①X713

中国版本图书馆 CIP 数据核字（2015）第 155298 号

出 版 人	王新程
责任编辑	赵楠婕
责任校对	尹 芳
封面设计	彭 杉

出版发行　中国环境出版社
　　　　　（100062　北京市东城区广渠门内大街 16 号）
　　　　　网　　　址：http：//www.cesp.com.cn
　　　　　电子邮箱：bjgl@cesp.com.cn
　　　　　联系电话：010-67112765　编辑管理部
　　　　　　　　　　010-67162011　生态（水利水电）图书出版中心
　　　　　发行热线：010-67125803，010-67113405（传真）

印　　刷	北京市联华印刷厂
经　　销	各地新华书店
版　　次	2015 年 7 月第 1 版
印　　次	2016 年 9 月第 2 次印刷
开　　本	787×960　1/16
印　　张	11
字　　数	180 千字
定　　价	38.00 元

前　言

近年来，随着我国畜牧业的快速发展，规模化畜禽养殖废弃物污染日益严重。与传统散养方式相比，规模化的养殖方式在利用规模经济提升生产效益的同时，也使畜禽粪便及污水等废弃物大量集中，如果这些废弃物处理不当将会给周边自然环境和居民健康带来巨大的危害。如何治理规模化养殖业废弃物污染，开展废弃物的资源化利用，实现畜禽养殖与农村生态环境的协调发展，已经成为各级政府和学术界共同关注的重大现实问题。

本研究首先对国内外规模化畜禽养殖废弃物处理和利用的基础理论、模型运用和技术成果进行了系统地分析和梳理，总结了我国畜禽养殖废弃物处理与利用方式、资源化利用状况、技术采用情况和政策管理等方面存在的问题，并以 BND 村规模化生猪养殖及其废弃物处理情况为例，分析了这些问题存在的内在原因。在此基础上，根据生态经济模型的研究框架，构建了"BND 村生猪养殖及废弃物处理的生态经济模型"（BEM 模型），以此来考察在现实情景下养殖废弃物处理和利用的优化选择问题，为 BND 村的养殖废弃物处理提供相关管理建议。接着本研究对 BEM 模型进行扩展，引入"技术集"构建了"扩展的 BND 村生猪养殖及废弃物处理的生态经济模型"（E-BEM 模型），并运用该模型来模拟分析在技术可变、环境标准变化、养殖规模以及市场情境变化情景下的废弃物处理与利用方式及相关技术采用的优化选择。本研究内容主要涉及以下三个方面：

第一，农牧有机结合背景下养殖方式和养殖废弃物处理方式的优化选择。通过 BEM 模型，研究在当前养殖和生产技术条件下，如何通过废弃物处理与养分管理的有机结合以及养殖方式和废弃物处理方式的优化选择，实现在满足一定环境要求下的农场整体经济利益的最大化。

第二，畜禽养殖业废弃物处理和资源化利用的技术优化选择。运用 E-BEM 模型，在一定的环境标准和市场情景下对养殖规模、废弃物处理方式和技术选择进行优化，以使整个农场生产系统与变化中的市场情景和环境要求相适应并增加农场的整体收益。

第三，环境政策、养殖规模和市场情景变化对资源利用方式、技术采用以及农场收益的影响分析。模拟在环境标准、养殖规模以及市场条件变化情景下，为保证一定的生态环境效益并实现农场经济利益最大化，养殖方式、废弃物处理与利用方式以及技术选择的变化反映。对不同情景下的模拟结果进行比较分析，并结合当前管理状况，得出相应的研究结论和政策启示。

本研究的创新之处在于将技术、经济和环境变量纳入一个整体的分析框架，开发了一个包含畜禽养殖及其废弃物处理与资源化利用整个系统的技术经济优化模型，来模拟分析不同情景下养殖规模和废弃物处理工艺技术的优化选择及其对经济效益和生态环境效益的影响，产生了一些新的研究成果。

目　录

1 引言

1.1 研究背景与意义

改革开放以来，随着我国社会经济的快速发展和城乡居民人均收入的提高，人们的食物消费模式发生了很大变化，人均粮食消费数量减少，畜牧（畜禽）产品消费数量逐年上升，肉类、禽蛋和牛奶的消费量以平均每年近 10%的速度增长，畜牧产品的需求越来越大（李瑾，2008；杨磊等，2009）。随着人们对畜牧产品消费需求的提高，畜牧养殖规模和产量逐步提高。近 30 年来，畜牧出栏量稳步提高，主要畜牧猪、牛、羊、家禽和兔类每年出栏量分别以 4.5%、10.2%、7.9%、8.3%和 10.1%的速度高速增长。畜牧业产值在农业生产总值中的比重逐步提高，已由 1978 年的 15.0%提高到 2008 年的 36.7%，畜牧养殖业已经成为农业经济的主体。

随着我国畜牧养殖业的迅速发展，畜牧养殖产生的废弃物也随之逐年增加。据估计，2007 年全国畜牧粪便总量达到 26 亿 t，是同期工业固体废弃物的 2.28 倍；其中氮（N）和磷（以 P_2O_5 计）的含量分别为 1 138 万 t 和 702 万 t，相当于同期化肥使用量的 0.5 倍和 0.91 倍，预计到 2020 年我国畜牧粪便产生量将达到 41 亿 t（孙振钧、孙永明，2006）。在畜牧养殖业不断发展的同时，由于市场需求和成本节约的推动，我国畜牧养殖业逐步向规模化、集约化发展，并向城郊集中（沈玉英，2004；苏杨，2006）。2008 年，全年生猪出栏 50 头以上、肉牛出栏 10 头以上、奶牛存栏 20 头以上、肉鸡出栏 2 000 只以上和蛋鸡存栏 500 只以上的规模化养殖比例已经分别达到 56.2%、38.0%、36.1%、81.6%和 76.9%，规模化养殖已成为目前我国畜牧养殖的主要生产主体。畜牧养殖规模化集约化程度的提高，造成大量的粪便污水相对集中，超过了当地生态环境所能承载的限度。由于管理和技术等方面的原因，大量集中的畜牧粪便得不到合理妥善的处理和利用，其造成的污染危害日益严重（国家环保总局自然生态司，2002；苏杨，2006）。在很多地区，畜牧粪便污染已经超过工业和生活的污染水平，成为农村面源污染的主要来源（张维理等，2004）。目前，我国畜牧养殖业污染已经成为最为严重的环境污染问题之一，如果不对畜牧养殖废弃物进行合理、有效和及时的处理，将会造成非常严重的环境后果（国家环保总局自然生态司，2002；张维理等，2004）。

养殖业所产生的畜牧粪便与许多工业污染源产生的废弃物不同，这些有机废弃物经过有效的处理可以转变为肥料、燃料和饲料，成为有价值的资源（卞有生、金冬霞，2004；付俊杰、李远，2004）。而畜牧粪便的处理方式不当不仅会造成环境污染和生态破坏，更是对资源的巨大浪费。目前，我国对畜牧废弃物的环境管理还相当薄弱，对其资源化利用更缺乏经济有效的途径。如何治理规模化养殖业废弃物污染，开展有机废弃物的资源化利用，使之转变为肥料、燃料和饲料等有价值的资源，实现规模化畜牧养殖和农村生态环境的协调发展，已成为政府、学术界、养殖场业主及周边群众广泛关注的重大现实问题。

由于畜牧养殖带来的环境污染日益严重和其治理上的困难，养殖废弃物处理与利用上的问题逐渐引起相关领域内一些学者和专家的关注。近年来，一些国外学者逐步将生态经济模型引入畜牧业的环境管理和技术应用选择的研究中来，建立了农业生产的环境管理模型，取得了重要的理论成果。如美国环保局"牲畜与环境——国家试点项目"项目组构建并运用了一个整合的经济环境模型系统（CEEOT）模拟了不同的废弃物管理实践和政策措施的经济和环境影响，并通过设计不同的情景方案分析不同的管理实践对养牛场废弃物应用于土地施用中减少磷的流失的影响（McFarland & Hauck，1999；Saleh et al.，2008；Osei et al.，2008）。Osei 等（1995）建立了包含牛奶生产和废物处理系统农场经济模型，研究了在一个农场层次上政策约束、经济禀赋、营养管理、技术选择和粪肥在农田的施用中的复杂联系。在研究方法上，国外学者已经突破了传统的定性分析方法和单纯的技术经济评价，采用构建复杂的生态经济模型的方法，进行定量系统化地模拟，提高了研究成果的科学性，提出的结论也能更好地应用于实践，具有较好的可操作性。

　　在国内，长期以来我国学者对养殖业污染处理的问题的研究主要集中在对畜牧养殖废弃物处理技术的模式选择上，如张元碧（2003）、王凯军（2004）、卞有生和金冬霞（2004）、邓良伟（2006）、王倩（2007）和黄志彭（2008）等人的研究。这些研究比较注重对某些具体环节（如畜舍粪便收集处理、沼气工程和堆肥处理）的技术可行性分析，着重于粪便处理的技术工艺措施的分析和总结。近年来，一些学者逐步开始从污染防治的角度出发对养殖业环境管理做了一些政策上的分析和探讨，如付俊杰和李远（2004）、李远（2005）、苏杨（2006）和江希流等（2007）的研究。同时，一些学者开始尝试从工程经济的角度对畜牧废弃物处理工程的某个环节或具体工程做一些简单的技术经济评价，如华永新和朱剑平（2004）从投资收益的角度对大中型畜牧养殖场沼气工程做了一个简要的技术经济分析，王宇欣等（2008）采用环境经济学中的外部性效益分析方法对京郊农村大中型沼气工程做了一个简单的经济性评价。而直到目前为止，研究尚缺乏从环境经济和技术经济角度对畜牧养殖生产和废弃物处理及利用系统中的养殖方法、废弃物处理和利用方法以及其中的技术选择进行全面综合的技术经济分析和优化选择的研究，缺乏对养殖业发展与环境保护进行系统化的综合性研究，缺乏与种植业有机结合的经济效益及环境效应的探讨，缺乏对各种管理方案和技术工艺进行相关的比较分析和优化选择分析。

　　因此，当前有必要借鉴并引入国外较为成熟的生态经济模型的研究方法，结合我国畜牧养殖以及废弃物处理和利用的实际，从技术经济和环境经济角度，对畜牧养殖生产和废弃物处理系统中的养殖方式、废弃物处理和利用方法以及其中的技术选择进行全面而系统性的研究，并进行相应的技术经济优化选择。这不仅有助于促进畜牧业经济的可持续发展，保护生态环境和改善农村生活环境，而且有助于提高我国畜牧业环境管理研究中理论模型和方法应用的水平和深度，具有较大的实践价值和理论意义。

1.2　研究目标和内容

　　本研究旨在从微观的角度，将经济、环境和技术纳入到统一的分析框架中，分析规模化畜牧养殖废弃物处理和利用的技术经济优化问题。为研究该问题，本研究将以 BND 村①规模化养猪情况为例，建立相应的畜牧养殖及其废弃物处理的农业生态经济模型，研究如何使养殖废弃物得到充分的资源化利用，得到最大化的收益，同时对生态和环境的影响最小，以寻求实现农业经济发展与农业生态环境协调发展的路径，为从事规模化养殖的企业和个人的生产、经营和技术选择决策提供参考依据，为畜牧业和环境管理部门制定和执行降低农业环境污染、实施环境友好型农业生产发展的相关政策提供决策建议。根据以上研究目标，本研究主要从以下几个方面展开：

第一，农牧有机结合背景下养殖方式和废弃物处理方式的优化选择。通过构建 "BND 村生猪养殖及废弃物处理的农业生态经济模型"，研究在当前养殖和生产的技术条件下，如何通过废弃物处理处理与养分管理的有机结合，以及养殖方式和废弃物处理方式的优化选择，实现最优的资源配置和最佳的技术利用，在环境符合既定标准的情况下，实现农场整体经济利益的最大化。

第二，畜牧养殖业污染治理措施和资源化利用技术的优化选择。通过对畜牧养殖生产、粪便处理及资源化利用等各个环节的分析，识别并评估在上述各个环节中现行的和其他可行的各种污染治理和资源化利用的技术措施（或管理方式）的成本、收益及效率，在此基础上构建拓展的包含技术选择集的生态经济模型，在一定的环境管理标准和市场情景下对养殖规模、废弃物处理方式和技术选择进行优化，以使得整个农场生产系统与变化中的市场和环境要求相适应并增加农场的整体收益。

第三，环境政策和市场情景变化对资源利用方式、技术使用以及农场收益的影响分析。主要研究环境标准、养殖规模以及市场条件（包括生产资料价格，如土地价格和电价的变化；废弃物资源化的产品价格，如沼气和有机肥价格）变化情况下，为实现农场经济利益最大化并实现一定的生态环境效益，养殖方式、废弃物处理与利用方式以及技术选择将会做出的变化反应。通过对以上不同情况下的模拟结果的比较分析找出差异，结合当前管理状况，以期得出更为科学准确的研究结论和政策启示。

---

① 应研究相关管理人员要求，本研究隐去其具体名称，以 BND 村来代替。

1.3 研究的思路、方法和技术路线

1.3.1 研究思路

本研究的主要思路是从有关农业废弃物处理和利用的基础理论出发，对当前农业生态经济理论与模型、养殖废弃物处理与利用问题的研究进行系统性梳理和总结，在此基础上对一个典型的规模化畜牧养殖场展开实地调研，探究该典型畜牧养殖场的经济结构、管理状况、农业生态环境状况、粪肥处理方式和废弃物资源化手段的技术选择，然后以 BND 养殖场养殖和废弃物处理现实的工艺流程为基础，构建"BND 村生猪养殖及废弃物处理的生态经济模型"（BEM)，并以此模型来分析在当前生产条件不变和废弃物处理技术不变的情况下，养殖场的养殖规模和废弃物处理与利用方式的优化选择，接着将该农业生态经济模型在"技术选择"上予以扩展，构建"扩展的 BND 村生猪养殖及废弃物处理的生态经济模型"（E-BEM)，并通过该扩展的模型在技术变化、环境标准变化、养殖规模以及市场情景变化的条件下对 BND 养殖场废弃物处理与利用方式以及技术使用进行重新的优化选择和模拟分析，最后对不同情景下的优化结果进行比较分析和归纳总结，得出如何选择废弃物处理与利用方式及其技术使用的有关结论，从而为构建资源有效利用和环境友好型农业经济发展模式提供决策依据和政策建议。

1.3.2 研究方法与技术路线

本研究在利用实地调查和测量获取大量现场数据和技术资料的基础上，采取多种经济学、管理学和工程学的研究和分析方法，来研究与分析畜牧养殖业废弃物是怎样得到合理处理和利用以及在废弃物处理过程中相应技术如何选择的问题。该研究是一项交叉学科的研究，在研究方法上综合利用了多个学科的研究方法，其主要包括实地调查方法、案例研究方法、农业生态经济模型方法、模拟分析方法和比较分析的方法。具体研究方法和技术路线如下：

1.3.2.1 主要研究方法

（1）实地调查方法

由于本研究涉及养殖和种植生产系统以及废弃物处理各个工艺环节，现场情况复杂，数据需求量大，准确度要求高，难以通过文献和一般的案头资料获得，因此作者本人采取了实地考察调研和实地测量的方法获取了大量的第一手资料。北京市 BND 村是典型的城郊规模化养殖地区，被誉为"京郊养猪第一村"，BND 村采取了一系列的污染治理和环境保护的措施，对废弃物处理并开展资源化利用，取得了一定的效果，引起了社会的关注（夏祖军等，2006）。同时，BND 村的实践，也引起了相关专家学者的注意。作者所在中德合作"中国农业、养殖业和城镇有机废弃物的资源化"项目组 30 多位研究人员，2007—2010 年在 BND 村展开了广泛的调查和研究，得出了丰富的数据和成果。因而，以 BND 村为例研究规模化养殖的废弃物处理与利用问题，具有一定典型性和较强的可操作性。

在中德合作"中国农业、养殖业和城镇有机废弃物的资源化"项目的合作框架下，组成了以作者为主的调研团队，在 BND 村做了多次实地调研。调研工作在 BND 村村委会、BND 养猪场场长、BND 环能工程中心和 BND 村生猪产销合作社相关领导、管理和技术人员的协助和支持下，对 BND 村的社会经济状况、生猪养殖发展历程、猪场生产经营状况、生猪饲养与繁育特征、不同猪种的饲料营养配比、沼气和有机肥设备的投资建设、沼气和有机肥生产和经营情况、沼气和有机肥生产技术和工艺、作物种植情况、作物施肥和收入、废弃物处理的各个工艺环节的技术细节等情况做了深入的考察和调研，得到了翔实而准确的研究数据。此后，作者又多次通过电话访谈和问询方式，向上述相关人员了解了调研中遗漏和需要进一步明确的数据和资料。

由于本研究构建的生态经济学模型是一个包含生态环境模型与经济模型的整合模型，需要大量的现场技术数据和指标，以对当地养种植系统、废弃物处理和利用系统中的物质流动、养分循环和生物物理学工艺流程进行刻画和描述。因此，作者同中德合作"中国农业、养殖业和城镇有机废弃物的资源化"项目其他子项目成员一起对模型所需要的有关技术参数、技术效率指标和物质成分等数据进行了现场的测量。现场数据的测量在作者的两次调研中进行，测量主要工作主要由其他子项目成员利用专业设备仪器完成。

（2）案例研究方法

为探讨规模化畜牧养殖带来的环境污染问题及其可能的解决措施，本研究以BND村的规模化生猪养殖为案例，探讨了其带来的环境影响、采用废弃物处理和资源化利用措施后的效果以及同时还存在的问题，并在此基础上分析了这些问题存在的原因，从而进一步明确了本研究需要研究的问题。通过 BND 村规模化养殖废弃物处理的案例研究和分析，也为后续建立模型做进一步规范的研究提供了现实的背景和实践的基础。

（3）农业生态经济模型方法

在本研究中，采用了国际上逐步兴起并得以实际应用的农业生态经济模型，对 BND 村规模化养殖及其废弃物处理与利用方式进行技术经济优化分析。该模型基于 BND 村规模化养殖及其废弃物处理与利用的实践，将经济模型和环境模型整合起来，形成一个包含经济关系、环境效应和生物物理学工艺流程的"农业生态经济模型"。运用该模型，可以寻求一定技术条件或环境标准下，所能够采取的能够实现经济利益最大化的废弃物处理与利用方法及技术方法。该模型将技术、经济和环境诸因素纳入到一个统一的分析框架中研究它们之间的互动关系。

（4）模拟分析方法

本研究在对养殖及其废弃物处理和利用进行系统的经济分析和生态环境考察的基础上，通过计算机建立模拟模型 "再现"真实的生态经济耦合系统，并模拟真实系统的运行过程而得到系统的优化解。本研究首先根据现实调研和测量情况，运用数学规划方法建立养殖业废弃物处理和利用的农业生态经济模型，在不同的技术、环境标准、养殖规模和市场情景下，模拟出养殖场废弃物处理与利用方式及其技术应用的优化选择结果。

（5）比较分析方法

通过对不同技术、环境标准和市场情景下，废弃物处理与利用方式及其技术利用选择方式的模拟，可以得出不同情景下的优化结果。对这些不同的养殖规模、废弃物处理与利用方式、技术选择和经济收益的结果进行比较分析，可以找出其中差异，分析解释造成这种差异的原因，从而得出更为科学准确的研究结论和政策启示。

1.3.2.2 技术路线

本研究的技术路线如图 1.1 所示。

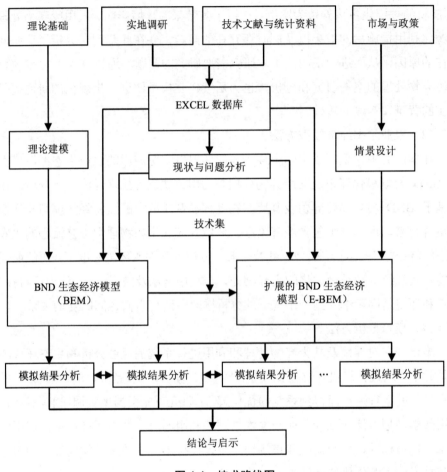

图 1.1 技术路线图

1.4 数据来源

对 BND 村养殖业废弃物处理和利用问题展开案例研究和运用农业生态经济模型进行模拟分析，都需要深入了解当地生态经济系统运行规律并获取大量的社会经济数据和技术数据。为此，作者通过多种方式和渠道，搜集取得了相关的详细数据资料，具体如下。

（1）实地调研数据

为准确了解当地实际，作者对 BND 村分两次历时 83 天对 BND 村生猪养殖、作物种植和废弃物处理和利用方面各个环节的情况做了非常细致的实地调研，获取了大量的第一手数据和资料。这些数据资料包括：BND 村社会经济发展情况，BND 养猪场发展、运营及管理情况，BND 养猪场废弃物、粪、尿、污水的利用和处理方式，BND 养猪场废弃物、粪尿处理（技术）系统及其成本、效益或效果，BND 养猪场园区田块基本利用情况及施肥情况等。

（2）实测数据

中德合作"中国农业、养殖业和城镇有机废弃物的资源化"项目子项目成员在作者的协助下对土壤、水体、粪便、沼气和有机肥等的工艺参数和技术参数进行了现场的实地测量，获得了大量的实测数据，并提供给了本研究作者。子项目"一个示范型畜牧农场为基础的区域 C、N、P 和 S 养分平衡与流动的最优化策略研究"课题组向作者提供了田间的氮的循环和利用的实测参数及土壤中总氮、氨氮含量测定数据。子项目"规模化养殖场的厌氧发酵与养分输出：富营养化与环境污染的最小化方案"课题组向作者提供了沼气工程技术参数与利用效率等数据。"经厌氧发酵的农业有机固体废弃物的堆肥化利用"课题组向作者提供了有机肥生产工艺特征参数。"动物生产体系中农场内部的物质平衡"课题组向作者提供了猪舍粪水排放和氨气排放水平测定数据。"施用有机肥后砂质土壤中磷素、重金属和抗生素的积累和淋失研究"课题组向作者提供了不同种植和利用方式下土壤中总磷含量测定数据及土壤中有效磷含量测定数据。"温室系统下农业有机废物循环中的环境改善"课题组向作者提供了猪粪便、化肥和原土中有关总氮、总磷、有机质、总钾、总钙和总锰的含量测定数据。

（3）专业技术参数

由于部分技术和工艺参数通过实地调查和测量也难以准确地获得。作者查阅了《饲料手册》《大中型沼气工程技术》《作物营养与施肥》《肥料手册》《农业技术经济手册》《畜禽养殖业污染物排放标准》（GB 18596—2001）和《地表水环境质量标准》（GB 3838—2002）等专业书籍、国家标准及其他技术文献来获取这些方面的技术参数,例如,各类饲料养分含量及成分来源于《饲料手册》,沼气密度、沼气热值和原煤热值来源于《大中型沼气工程技术》,作物氮磷含量来源于《作物营养与施肥》,化学肥料氮磷含量来源于《肥料手册》,农田灌溉定额和灌溉水标准来源于《农业技术经济手册》,集约化养殖业污染物排放标准来源于《畜禽养殖业污染物排放标准》(GB 18596—2001),畜牧养殖业污染治理工程设计、施工、验收和运行维护的技术要求来源于《畜禽养殖业污染治理工程技术规范》(HJ 497—2009)。同时对于可选择的其他的处理工艺和技术的投资花费和成本与处理效果和效益,作者通过查阅相关研究报告和技术评价手册或者通过课题组其他子项目成员提供专业技术资料获得。

(4)统计数据

为总体了解规模化养殖发展情况,评估其可能带来的环境危害,本研究对全国畜牧粪便总量及养分含量做了估计,所采用的数据来源于历年《中国畜牧业统计年鉴》。农业和畜牧业统计资料来源于《中国农村统计年鉴》,农产品种植的成本收益来源于《全国农产品成本收益资料汇编》。

1.5 相关概念界定

1.5.1 规模化养殖

吴春明等(2004)认为,畜牧(畜禽)养殖规模化有三种形式,即区域规模化、畜牧小区和大规模化企业养殖。区域规模化指在一定的区域内有多个小规模养殖户,形成具有区域特色的大规模养殖。畜牧小区是指由企业或个人出资建设统一的畜牧舍,由畜牧饲养的租户进行畜牧养殖,统一饲养、管理和服务。规模化养殖企业指以企业形式在一定场地从事规模化养殖,是大规模化养殖的主体,也是畜牧业发展的高级阶段和发展方向。本研究从环境与经济协调发展的角度研究规模化养殖废弃物的处理和利用问题,因而将综合并包含上述三种形式,本研究的规模化养殖定义为一定区域内由企业或个人实施的集约化密集式的畜牧养殖,其总量达到一定数量规模,以至于当地环境难以承载,需要对其废弃物进行统一处理的养殖形式。

对于规模化养殖的数量划分，不同的规范和标准给出了不同的划分标准。以生猪规模化养殖为例，根据中华人民共和国环境保护部 2009 年 9 月 30 日发布的《畜牧养殖业污染治理工程技术规范》（HJ 497—2009）规定，"集约化畜牧养殖场指在较小的场地内，投入较多的生产资料和劳动，采用新的工艺与技术措施，进行精心管理的畜牧养殖场"。本标准指存栏数为 300 头以上的养猪场为集约化的养殖场。中华人民共和国国家标准《畜禽养殖业污染物排放标准》（GB 18596—2001）规定，生猪存栏在 3 000 头以上的为 I 类规模的集约化养殖场，生猪存栏在 500～3 000 头的为 II 类规模的集约化养殖场，同时还给出了其他畜牧种类的换算比例关系。而根据 2009 年《全国农产品成本收益资料汇编》的定义，饲养业品种规模分类标准如下表所示：生猪存栏 Q 在 30<Q≤100 头的为小规模养殖；存栏在 100<Q≤1 000 头的为中等规模养殖；存栏在 Q>1 000 头的为大规模养殖。而国家环保总局自然生态司（2002）给出的定义是：中小型猪场指常年存栏在 200～10 000 头范围内的生猪养殖场，大中型的猪场指常年存栏在 10 000 头以上的生猪养猪场。

由于各种标准和定义规定不一致，给研究的定义带来不小的困难。而目前主要一些大中型的养殖场由于相对缺少足够的耕地来消纳粪污，而成为畜牧养殖环境污染的主要方面（王凯军，2004），因而本研究的对象确定在主要是较大规模的养殖废弃物处理和利用问题，在文中将会根据不同的研究需要采用不同的分类标准，若没有特别说明指出，本研究所提到的"规模化养殖"均指（GB 18596—2001）中的 I 类标准，其中对于生猪养殖来说即存栏在 3 000 头，年出栏约 5 000 头以上的生猪养殖场或养殖小区。对于其他畜牧种类的养殖量可以根据 GB 18596—2001 提出的换算标准进行换算。

1.5.2　养殖废弃物

根据中华人民共和国环境保护部 2009 年 9 月 30 日发布的《畜禽养殖业污染治理工程技术规范》（HJ 497—2009）所做的术语定义，"畜禽粪污指畜禽养殖场产生的废水和固体粪便的总称。畜牧养殖废水指由畜牧养殖场产生的尿液、全部粪便，残余粪便，饲料残渣，冲洗水及工人生活、生产过程中产生的废水的总称，其中冲洗水占大部分。"由于在处理上，目前较为先进并逐步得以广泛运用的"干清粪"方式能够使得粪便一经产生便得到分流，分成固体粪便和污水两类。本研究即在粪便清理方式为"干清粪"方式的情景下，讨论畜牧养殖场的粪便和污水的处理与利用方式。本研究中所提到的养殖废弃物即指畜牧粪便和养殖污水。

1.6 研究创新与不足

1.6.1 创新之处

与国内现有研究相比，本研究的创新主要表现在以下几个方面：

在研究视角上，本研究将畜牧养殖废弃物资源化利用中的技术、经济和环境变量纳入一个整体的分析框架，来研究畜牧业规模化养殖废弃物处理和利用的技术经济优化问题，这种研究视角可以更好地揭示规模化畜牧养殖废弃物资源化利用中的技术、经济和环境变量三者之间的互动关系，综合地考察和评价畜牧养殖废弃物资源化利用技术的经济效益和环境生态效益，使本研究研究更具现实性。

在研究方法上，本研究以生态经济学模型理论和数学规划方法为基础，在微观层面上开发了一个包含畜牧养殖及其废弃物处理与资源化利用整个系统的技术经济优化模型，并以废弃物处理工艺技术、土壤粪肥施用标准以及市场条件变化等为重点考察对象分别设计不同的变化情景，模拟分析不同情景下养殖规模和废弃物处理工艺技术的优化选择及其对经济效益和生态环境效益的影响。这种量化的系统性研究方法已在某种程度上突破了目前国内同类问题研究中大都采用技术经济指标评价分析方法的局限性，使研究结果更具科学性。

在研究成果上，本研究建立的融技术、经济和环境变量于一体的研究规模化畜牧养殖废弃物处理方式问题的理论分析框架和生态经济学模型，在理论上具有一定创新性；同时本研究基于模型分析结果，提出的有关"废弃物处理中新技术采用将对技术效率和生态经济效益产生相应影响"、"'以磷盈余为零'为环境标准将提高粪肥还田的利用效率和增加除还田外的废弃物处理收益，从而促进养殖场开展废弃物的综合化处理和利用"、"畜牧养殖场规模越大更应采取综合化的废弃物处理与利用方式且利用效益也越显著"和"电价、土地价格、沼气价格和有机肥价格等市场因素的变动将对畜牧养殖成本及废弃物处理与利用方式选择产生相应影响"等观点，也具有一定的实际应用价值。

1.6.2　不足之处

尽管本研究力图在以上三个方面做到有所创新，但由于作者时间、精力和学识的限制，本研究还有以下几点局限和不足：

在实证研究对象选取上，本研究仅选取具有典型意义的北京 BND 生猪养殖场作为案例加以研究，有关研究结论是否具有全国普遍意义有待于进一步的检验。同时，由于猪对环境污染的影响最大，本研究仅考察了生猪养殖的养殖废弃物资源化利用问题，而没有考察牛和羊等其他畜牧的废弃物处理问题，这有待于在后续研究中扩大研究对象。

本研究建立的生态经济模型系统，其中个别函数仍有待于进一步的细化和完善，例如，在氮和磷的物质平衡的计量等式中，由于作者缺乏足够的动植物营养学知识，本研究仅计算了在当前的饲养方式下的氮磷的输入与排放，而没有考虑如何通过营养的调配和优化养分摄入的方式来减少氮和磷的排放。

此外，在市场变化情景的设计中，本研究着重选取了几个对废弃物处理与利用方式影响较大的变量，而没有考察贷款成本、劳动力成本、设备投资和其他生产原料成本等因素的变化对废弃物处理与利用方式及其技术优化选择的影响。有关其他因素的影响需要结合现实情况的变化，有待做进一步的探讨。

2 理论基础与研究现状

2.1 理论基础

本研究是一项跨学科的研究，横跨经济学、管理学和环境工程学等多个学科领域，涉及畜牧业管理、动物营养、养分管理、土壤环境保护、环境工程、生物质能源的利用和生态工程等方面的理论和技术。以下对本研究所基于的主要理论分别予以论述和评析。

2.1.1 农业生态经济学理论

本研究所探讨的养殖场废弃物处理和利用涉及畜牧养殖、粪便沼气化处理、粪便有机肥利用和农作物种植等农业系统所包含的多个方面。从经济环境可持续发展的角度出发，要求运用农业生态经济学理论来指导农业经济活动，依照生态规律，利用自然资源和环境容量，实现经济活动的生态转向（Harris，1996；Rigby et al.，2001）。农业的可持续发展要求把农业经济活动组成"农业资源利用—绿色产业发展—农业废物再生"的循环物质流，在区域内使得物质和资源合理利用。基于对能源节约、资源综合利用和推行清洁生产的综合思考，将农业经济活动对自然资源的影响降低到尽可能小的程度。

在新古典经济的研究中，人类社会和生物世界被视为以经济利益最大化为中心目的的、人文系统和生物系统之间隔离的，并且在这类研究中将整个自然社会经济系统之间物质能量的交换都视为是一种市场交换。而生态经济学研究在承认人类社会经济系统和自然系统之间的内在联系的同时，将人类社会经济系统视为生态系统的一个子系统，人类社会经济系统和自然系统之间的相互依存相互耦合的关系，人类社会经济子系统的状况依赖于生态环境系统的支持，同时在系统的宏微观层次上，生态与经济是有机结合的一个整体（Costanza，1989；Proops，1989）。

农业生态经济学在生态经济学研究的基础上逐步发展起来。农业生态经济学的研究对象是农业经济系统和农业生态系统组成的整体（Mausolff & Farber，1995；Rasul & Thapa，2004）。农业生态经济系统是由生态、经济和技术三个子系统相互结合而形成的有机整体，其表现为：① 生态与经济在农业生产中有机结合；② 系统内各生物、环境因素以及经济、技术因素共存一体，交互影响作用，同时具有易变性；③ 系统组成因素的变化和运动受到自然经济规律的制约，但在人类运用科学技术条件下具有一定的可控性（Mausolff & Farber，1995；Darwin et al.，1996）。农业生态经济学把农业生态系统与农业经济系统联系起来当作一个功能单位研究，对系统各个部分的构成、农业生态系统与农业经济系统的内在关系、自然再生产与经济再生产的转换关系、农业生态系统与农业经济系统之间物质和能量变换关系以及系统内生态平衡与经济平衡的物质和能量联系进行系统性的分析。它采用一系列平衡方程把系统的生态平衡与经济平衡，经济上的生产消费和交换与生态上的生产消费和还原，以及系统内物质和能量的输出与输入用产品流、能量流和物质流联系起来。为了研究物质和能量的变换规律，需要应用生态经济理论模型，其中包括生态经济系统的线性静态模型、非线性静态模型及承载能力模型等。农业生态系统与农业经济系统之间物质、能量和产品的变换规律，为人类合理调控这种变换提供理论基础。

当前在农业生产上的技术、经济和生态 3 个领域所做的分门别类的研究，大大提高了人们对农业生产的认识，提高了农业生产的效率。但是同时，这些单科单项的研究也出现了互相干扰和互相矛盾的现象（Rennings，2000；Pannell & Glenn，2000；Rasul & Thapa，2004）。在这种情况下，只有将农业科学中原本分立的单科单项的知识进行系统化地发展，突破原有的研究限制，才能使农业生产迸发出新的活力。农业生态经济学内在属性要求其在农业生态和经济之间展开交叉研究，因而其理论基础需要经济学和生态学的基础理论予以支持，同时其涵盖了当前自然和社会领域中独立存在的一些学科（如生物学、地理学、社会学和人口学等）和一些交叉学科（如环境经济学和资源经济学等）的理论。由于农业生态经济学对其研究对象（农业经济系统和农业生态系统组成的农业生态经济系统）的内在要求，系统化的方法在农业生态经济学研究中逐步得到应用，系统性、综合性的研究方法逐步增多。农业生态经济学系统化研究过程一般从实地调查和实地测量开始，获得充足而丰富的数据和资料后，基于经济学和生态学以及农业科学中的相关理论建立相应的农业生态经济模型系统，将其用于模拟试验，模型所试验的结果与现实的实践进行对比，发现差异，并找出差异存在的原因。模型经过修正与实际拟合良好后，还可以用于预测实际系统的未来可能的发展，制定生态经济措施的最佳组合方案。农业生态经济学系统化的一般研究过程如图 2.1 所示。

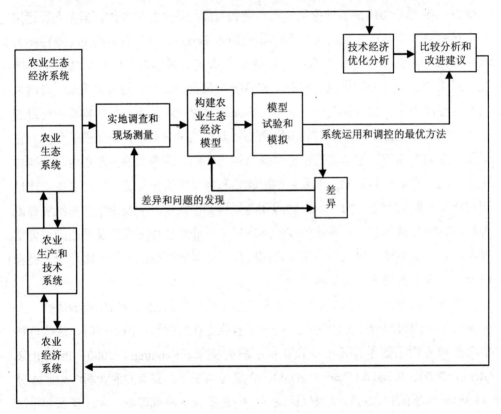

图 2.1　农业生态经济学系统化的研究过程[①]

---

① 该研究过程图示借鉴了邓宏海（1984）提出的"农业生态经济学研究过程系统化的方法系统和研究程序"。

过去几十年人们在农业经济学的研究中逐步认识到环境和资源的矛盾及其深远的经济和生态影响难以用现行的市场理论或生态加以概括和描述。由于传统的方法的局限性，人们需要更系统、更精确的分析工具来进行环境政策与农业生产的策略评估（Van Pelt，1993）。为分析和解决那些自然生态与社会经济发展之间的矛盾，自然科学与经济分析的整合研究正逐步增多，农业生态经济学模型应运而生（Janssen & Van Ittersum，2007）。有关农业生态经济学模型的发展、构建方法和应用，本研究将在 2.2 节予以着重的探讨。

2.1.2　物质平衡理论

畜牧养殖废弃物是自然资源的一种能量和物质的存在形式，是物质和能量不完全循环的中间产物，蕴藏着可供人类开发和利用的物质与能量。但是，通常人们由于受到认识能力和技术上的限制，这部分的物质和能量没有能够作资源化的处理。畜牧养殖的规模化大生产，在生产出大量自然产品的同时，又产生很多"无用"之物，这些物质由于其本身缺乏返回大自然的机制而成为废弃物，需要人们加强对废弃物资源化的认识，使其"再生"循环得到利用，经过适当处理重返自然，实现农业经济可持续的发展。

物质平衡的概念适用于所有的自然和经济过程。它是指一个物理系统中的物质不会损失，在一个过程中输入的物质等于这个过程中的物质存量和从这个过程中流出的物质。这里物质输入要大于有用的商品输出，特别是在较大的溢出和辅助材料时（如农业用水和化肥）（Ayres & Kneese，1969）。物理反应和化学反应都服从"质量守恒定律"，也就是说物质反应前后的质量是不变的。而在经济系统中，生产活动和消费活动就是在进行一系列的物理反应和化学反应。因此，经济活动也遵从质量守恒定律。

物质平衡可用以下公式表示：① 不等式 $R > Q$（R 和 Q 分别表示物质输入水平和产品输出水平），作为一个最小一致性条件；或加上一个更为严格的条件 $R > Q + x$（x 为生产过程中废弃物残留下限），这是由于技术和物理变化存在一定的局限性；② 若是要着重于物质计算，物质平衡可表达式为等式 $R = Q + W$（W 为生产过程中废弃物残留）；②中等式包括①中不等式，因为 W 总为正数。

要对经济生态整合模型做一个理论和实践层面的调查，需要在模型中包括物质平衡条件以持续的方式考虑物质流，物质流可引致各种相互交联的效应。虽然物质平衡模型的推广运用已经宣传了二十多年（Ayres & Kneese，1969；Kneese et al.，1970），但在实际应用中很少见到。

将物质平衡的概念应用到自然和经济过程中，意味着在一个物理系统中物质不会消失，生产过程中输入的物质等于物质在系统中贮存的增加或物质的流出。物质平衡条件暗含线性等式（或不等式），与线性模型比较容易匹配，比如固定比例和线性生产函数（Van den Bergh，1991）。非线性模型和物质平衡条件结合更为鲜见，无论是理论界还是应用领域。主要原因是物质平衡分析或物质计算与线性生产函数结合时计算容易得多。运用物质平衡条件可以为许多环境和环境-经济领域的研究提供一些洞见，其在很多环境经济领域中得到了应用。

2.1.3 生产经济学理论

畜牧养殖生产经营者是畜牧业生产的主体，其微观决策行为的变化将会引起养殖规模、废弃物处理与利用方式以及其中相关技术选择的相应变化。畜牧养殖生产经营者是市场经济中的具有分散决策能力的行为个体，其行为可假设为经济理性的，即追求最大化的利润。畜牧业的健康发展，也需要其中的市场主体畜牧养殖生产经营者能够获得合理的利润，这是其持续生产和经营的重要指标。

生产经济学理论主要研究生产者怎样把有限的资源投入到产品的生产上，实现利润的最大化。而生产者行为就是指生产者为获得生产收益最大化，在生产过程中使用各种资源要素，如劳动、资本、土地和管理等，并进行优化组合以达到资源最优配置实现其一定数量商品产出的经济行为。经济学中一般都假定生产者是经济理性的，生产者的经营目标为利润最大化，即在一定的生产技术和市场需求约束下，生产者实现利润最大或亏损最小。为把有限的资源配置到产品生产中，实现其生产收益最大化，生产者将选择使其边际收益等于边际成本的生产行为（萨缪尔森，诺德豪斯，2005）。

基于经济行为的目的性假设，可以通过数学模型对利润最大化行为进行描述。假设追求利润最大化的企业以固定单价 p 销售产品，并以固定的单位要素价格 w_1 和 w_2 分别为购买两种投入 x_1 和 x_2。假设生产者面临着竞争性的投入和产出市场，生产过程可以用生产函数来概括：

$$y=f(x_1, x_2) \tag{2.1}$$

这里，生产函数可以是通过将两种投入或称为两种要素 x_1 和 x_2 相结合而达到最大产出的技术状态。生产者目标函数是：

$$\max \pi = pf(x_1, x_2) - w_1 x_1 - w_2 x_2 \tag{2.2}$$

利润最大化的一阶条件是：

$$\pi_1 = \frac{\partial \pi}{\partial x_1} = pf_1 - w_1 = 0 \text{ 和 } \pi_2 = \frac{\partial \pi}{\partial x_2} = pf_2 - w_2 = 0 \tag{2.3}$$

最大化的充分条件是：

$$\pi_{11} < 0, \quad \pi_{22} < 0, \quad \pi_{11}\pi_{22} - \pi_{12}^2 > 0 \tag{2.4}$$

由于 $\pi_{ij} = pf_{ij}$，则二阶条件可简化为：

$$f_{11} < 0, \quad f_{22} < 0, \quad f_{11}f_{22} - f_{12} > 0 \tag{2.5}$$

利润最大化的一阶条件表明，追求利润最大化的生产者会一直增加投入要素，直到各种要素的边际贡献等于每增加一单位该要素所带来的成本。从上面的推导可以得出，如果生产者追求利润最大化，那么可以变动的每种要素的边际产品价值必定等于该要素的价格，即边际成本等于边际收益。但为了保证要素投入后能够获得最大利润而非最小利润，还需要满足 $f_{11} < 0$、$f_{22} < 0$ 的边际报酬递减法则。所谓边际报酬递减规律：在技术不变和其他要素投入量不变的情况下，在连续等量地把某一种可变生产要素增加到其他一种或几种数量不变的生产要素的过程中，当这种可变生产要素的投入量小于某一特定值时，增加该要素投入所带来的边际产量是递增的；当这种可变生产要素的投入量连续增加并超过这个特定值时，增加该要素投入所带来的边际产量是递减的（曼昆，2009）。

传统上的生产函数都是两种投入单产出的，如上文所示。而目前更为普遍的则是多投入单产出的，如下式所示：

$$Q = f(X_1, X_2, \cdots, X_n) \tag{2.6}$$

式中，$X_1, X_2, \cdots, X_n$ —— 生产中所使用的 n 种生产要素的投入数量；

Q —— 产量。

但在实际生产中，多投入多产出的情况也比较常见。例如在畜牧业养殖以及其相应的废弃物处理的生产过程中，需要投入多种生产要素（劳动、土地和资本）、多种的生产投入成本（饲料成本、厂房设备投资成本、处理设备投资和运营成本、电力成本和一些辅助原料成本等），同时生产出育肥猪、沼气、粪肥和有机肥等多种产品。对于多投入多产出的情况，可以采用数学规划法来确定出生产函数来反映生产行为（王先甲，1993）。

设生产过程的生产活动观测集为：

$$\tilde{T}_0 = \left\{ \left(x^1, y^1 \right), \cdots, \left(x^N, y^N \right) \right\} \tag{2.7}$$

式中 $x^i \in R_+^n$，$y^i \in R_+^m$，$(0,0) \notin \tilde{T}_0$，$x^i \neq 0$，$i = 1, 2, \cdots, N$。则生产过程的生产可能集 T 为如下形式：

$$T = \left\{ (x, y) \middle| x \in R_+^n, y \in R_+^m, \sum_{i=1}^N \lambda_i x^i \leqslant x, \sum_{i=1}^N \lambda_i y^i \geqslant y, \lambda_i \geqslant 0, i = 1, 2, \cdots, N \right\} \tag{2.8}$$

为反映单个生产者生产的目的性，就需要把多产出化成单产出，就是把多产出转化成价值型产出。假设价值向量为 $V \in R_+^m$，那么多产出 y 的价值型产出为 $V^T y$。对每个投入 x，在生产可能集 T 中找一个生产活动 $(x, \tilde{y})$，使价值产出 $V^T y$ 是对应于 x 的最大可能的价值产出，这里把得出最大价值的生产作为理想的状态，这种投入 x 与产出 y 和投入 x 与价值产出之间的关系可由如下数学规划模型（PM_1）确定：

$$g(x) = \max_{y \in T(x)} V^T y, x \in X \subseteq R_+^n \tag{2.9}$$

$$\text{s.t.} \quad T(x) = \left\{ y \middle| (x, y) \in T \right\} \tag{2.10}$$

需要说明的是，由规划 PM_1 确定的函数 $g(x)$ 是单值的，但规划 PM_1 的解一般不是唯一的，设规划 PM_1 的最优解集为 $y(x)$，即：

$$\tilde{y}(x) = \arg \max_{y \in T(x)} V^T y \tag{2.11}$$

$\tilde{y}(x)$ 确定了一个点到集合的映射，它对应于投入 x 使价值 $\tilde{T}$ 以最大的 $\tilde{T}$ 产出。

2.1.4　外部性理论

外部性理论是环境经济学的重要理论基础。外部性是指社会成员（组织或个人）从事一定的经济活动时，其成本与后果没有能够为该行为人完全承担，也就是说私人成本与社会成本不一致，或者是私人收益与社会收益不一致，一个人或一群人的行动和决策对另一个人或一群人强加了成本或赋予利益的情况（平狄克、鲁宾费尔德，2006）。外部性又可称为溢出效应或外部影响。萨缪尔森和诺德豪斯（1999）指出"当某一经济主体的生产或消费对他人产生附带的成本或收益时，外部经济效果就产生了；即成本或收益附加于他人身上，而产生这种影响的经济主体并没有因此而付出相应的代价或报酬；更为确切地说，外部经济效果是一个经济主体的行为对另一个经济主体的福利产生的效果，而这种效果并没有在货币或市场交易中得以反映。"用数学语言来表述，所谓外部效应就是指某经济主体的福利函数的自变量中包含有他人的行为，而该经济主体却没有向他人提供报酬或索取补偿。即：

$$F_j = F_j(X_{1j}, X_{2j}, \cdots, X_{nj}, X_{mk}) \quad j \neq k \tag{2.12}$$

这里，j 和 k 是指不同的个人（或厂商），F_j 表示 j 的福利函数，$X_i(i = 1, 2, \cdots, n, m)$ 是指经济活动。这个函数表明，只要某个经济主体 j 的福利除受到他自己所控制的经济活动 X_i 的影响外，同时也受到另外一个人 k 所控制的某一经济活动 X_m 的影响，就存在外部效应（沈满洪、何灵巧，2002）。

规模化畜牧养殖发展过程中，很多养殖场对自己养殖过程中产生的畜牧粪便污水不加处理，直接排放，给周边土壤、地下水和空气质量都带来了极大的危害，严重影响了周边群众的生产和生活条件。为避免畜牧养殖带来的环境污染，各级相关政府部门均已做出了相关的环境管理法规，对排污进行限制，畜牧养殖场必须将其生产的外部性进行"内部化"加以解决，即承担起防治和治理粪污的责任和成本，利用多种技术和管理方式对其自身生产过程中所产生的畜牧废弃物进行妥善地处理和利用，避免给周边地区的生态环境带来危害和破坏。

2.2 农业生态经济模型研究综述

2.2.1 农业生态经济模型的发展

目前文献中经常使用不同的概念术语来描述生态经济耦合的这一类模型。文献常用"生物经济（bio-economic）模型"、"生态经济（ecological-economic）模型"、"整合环境与经济的（combining the environmental and economic）模型"，来指代这种经济的和生物物理学工艺流程的模型整合。本研究统一用"生态经济模型"来表述这类模型。

为研究经济和环境要素的相互影响，分析和解决那些自然生态与社会经济发展之间的矛盾，有必要在经济模型和环境模型之间建立联系。近年来，这种整合经济和环境系统的研究方法正逐步运用于农场、流域和地区层次的研究中。Thampapillai 和 Sinden（1979）采用线性规划模型评价了澳大利亚新南威尔士州北部地区收入最大化与环境质量目标的平衡问题。相似地，Mapp（1994）比较了不同政策规制下（每公顷土地限制和总氮限制）硝酸盐和农药在不同地区和土壤中的淋失和渗透。他将一个经济数学规划模型和一个变体的侵蚀生产影响计算（Erosion Productivity Impact Calculator，EPIC）模型进行整合。该变体的 EPIC 模型内嵌了一个农药在蓄水层流失的模型，描述了蓄水层水质变化情况。上述这两项研究都得出资源的实际利用水平为次优的结论，环境和经济目标要在其他管理安排下才能达到更高的水平。同样，Neely 等（1977）运用混合整数目标规划考察了一系列公共水项目的经济和环境目标，得出了类似的结论。McFarland 和 Hauck（1999）、Osei 等（2008）以及 Saleh 等（2008）运用了一个"整合的经济环境模型"系统（Comprehensive Economic and Environmental Optimization Tool，CEEOT）模型模拟了不同的废弃物管理实践和政策措施的经济和环境影响，并通过设计不同的情景方案分析不同的管理实践对养牛场废弃物施用于土地用以减少磷的流失的影响。挪威农业大学的 Vatn 等（1999）开发出了 ECECMOD 模型。这是一个跨学科的模型系统，其在土地生产系统的不同水平上引入更为精确的非线性的函数关系，对不同的工艺过程进行模拟。ECECMOD 系统用于分析减少农业污染的政策实施效果，预测农民行为和农业环境状况。近年来，这种自然科学与经济分析的整合研究正逐步增多，生物经济模型的发展使得对环境政策和技术革新的环境效应的评价成为可能。

总体来看，目前农业生态经济学上的整合研究大致可分为三个层次：第一层次将一些非常简化的或间接的环境指标与经济分析关联使用，并采用经济学的分析方法来评估这些环境指标和经济指标之间的相互影响。例如在评估农场的或地区的氮盈余效应的研究中（Dietz & Hoogervorst，1991；Vermersch et al.，1993；Oude Lansink & Peerlings，1997；Van Calker et al.，2004），同时选取表示生态可持续性的一些指标和表示经济可持续性的一些指标（如农场或该地区的净收入），并研究这些指标之间的相关性。第二层次研究中采用更加复杂化（精致化）的函数式来表述经济对环境的影响效应，并用经济学的方法对其效应进行评估。这种研究主要包括对排放（emission）的评估，将排放看做是农业实践和土壤条件等因素的函数。在一些案例中，这些函数主要是基于田间试验取得，如 Leneman 等（1993）和 Vail 等（1994）。为了增加评估的精确度，这些函数采取不同自然和农艺条件下运行的自然科学模型中的数据，如 Moxey 和 White（1994）、Bouzaher 等（1995）、Brady（2003）以及 Gibbons 等（2005）。第三层次则是将经济的和自然科学模型整合成一个综合的系统结构中，运用这个系统模型来刻画人类经济行动和自然系统之间相互作用的动态关系。如 NELUP 模型（O'Callaghan，1995）运用系统建模的方法研究土地利用和生态系统利用之间动态关系。FASSET（Jacobsen et al.，1998；Berntsen et al.，2003）模型则进一步引入了农场层面氮的流失和杀虫剂利用对农业生态环境的影响。"可持续性农业生态模型"（Sustainable Agroecosystem Model，SAM）（Belcher & Boehm，2004）则是动态地整合了一个经济模型和一个土壤与作物生长模型，其中经济模型模拟了土地利用决策，而土壤与作物生长模型则模拟了作物产出、土壤质量和土壤生态之间的函数关系。而Nitro Genius（Erisman et al.，2002）则采用了一个模拟氮污染的决策支持系统，来评估减污策略的环境效应和经济效益。

2.2.2 农业生态经济模型的建模方法

为了评估技术选择和创新在经济上可行性及其对环境的影响，农业生态经济模型在构建模型时重点采用一种或多种技术，并在模型中引入外生的输入和输出价格，例如 Abadi Ghadim（2000）、Benoit & Veysset（2003）。在建模方法上农业生态经济模型大多是通过数学规划的形式联立"各种描述人们的资源管理行为的函数公式"与"在以一定收入（或需求）下现在可选择的生产可行性与环境效应关系的函数公式"（Janssen & Van Ittersum，2007）。

目前，运用农业生态经济模型进行技术经济分析主要是采用将经济学模型同一个基于工艺流程的生物物理模型连接起来的研究方法。其中的"联结"方法，有些是采用回归技术，例如，Wei 和 Davidson（2009）采用了媒建模（Meta-modelling）的方法，利用回归技术将经济模型和生态物理模型联系起来。

其中，

$$作物产量 = f（灌溉量，氮肥量，劳动时间）$$

在这个模型中，决策制定通过一个线性规划来模拟，目标函数是为了最大化农场的目标产出。通过这个整合的生态物理-经济模型能够获取随机的、交互的、非线性相互作用和生态系统在空间、时间上的变化。另有一些研究，则采取将生态和经济限制条件整合进同一个模拟（或决策）模型中去的"联结"方法，例如 Semaan 等（2007）将一个农学模拟模型与一个生态物理模型通过数学多目标规划的方法联立到同一个农业生态经济模型中去，用于分析三种农业政策对于农民收入和氮（N）肥淋失的不同影响效应。该模型将生态和经济限制条件整合进耕作决策和杀虫剂的使用中。该模型着重于通过更少的农药流失来提升可持续性农业的一些特定的政策工具的环境和经济效应。这些基本的激励机制来自于风险指数化的除草剂使用税。同时，还有一些更多的研究，综合采用多种"联结"方法，例如 Archer 等（2001）研究采用"综合的环境经济政策模拟系统"（Comprehensive Environment Economic Policy Modeling System，CEEPMS）模型来研究不同的税收方式对除草剂使用特征和耕作实践的影响，比较各种政策工具对净收入和地下水、地表水质量的影响。CEEPMS 是一个整合的生态经济系统模型，用于评估不同的政策情景下的风险与收益。CEEPMS 包含多个模块，如 WISH（除草剂的气候影响模拟）、ALMANAC（多种评价标准的农地管理选择）、RAMS（资源调整模拟系统，RUSTIC（化学成分非饱和/饱和的风险）和 STREAM（杀虫剂的地表流失影响评价）。这些模型之间通过中间模型（Metamodel）响应函数联结起来。中间模型是一些表示输入和输出之间关系的回归模型，它还可以使得研究者在不需要为每一个政策选择运行相应模拟的情况下，评估各个政策选择。

农业生态经济模型常常采用基于线性（或非线性）规划的优化模型。这种模型通过线性（或非线性）规划将人类活动或生产行为描述成一个由各种活动所联立起来的线性（或非线性）组合，这些活动对应着相应的输入和输出。这些活动之间的关系可以表示为一系列的相关系数（技术系数或输入输出系数）。这些系数表示这些活动之间或这些活动与模型中的目标（objective）之间的关系。输入的资源是有限的，所以这些生产活动受到资源稀缺性的制约。因而这些生产活动和相关资源与生产条件限制所组成的系统在一些目标函数下可以被优化，以确定一个可利用的输入（或资源）的最小量（或最大量），实现特定经济个体的目标（如利润最大化）。

基于农业生产的特征，农场层次上的生产函数通常可以由转换函数 $F_i(Y_i, X_i; S)$ 来刻画（这里 $i = 1, \cdots, I$），其表示输出的不同形式；Y_i 表示输出向量；X_i 表示对应产出 i 的输入变量向量；S 是表示生物和非生物因素的向量，其定义了生产条件，包括土壤特性和气候特征，如太阳辐射、降水和温度气候等因素（Wossink et al.，2001）。

农业生产中的输入向量 X_i 对环境可能有多种影响。输入的类型和使用量将会影响生态环境循环中关键过程（例如，水分平衡、土壤侵蚀、农药淋溶、生物多样性和氮循环）（Pacini et al.，2003）。这些生态环境循环中关键过程同样会受生物和非生物诸多因素的影响，这些因素都在农民的控制之外（Turner et al.，2000）。农业生产对环境的最终影响 Z 可以用函数式 $G_i(Z_i, Y_i, X_i; S)$ 来表示。在静态情况下，农场的输入供给在短期内是固定的，比如土地、劳动力和生产设备。不同输出的生产过程依赖于共同的农场的输入供给，可以用向量 B 表示这些输入供给的存量。基于以上函数设定，Pacini 等（2004）提出了一个采用线性规划方法的农业生态经济模型来考察农业环境计划下的农民的反应。

在该模型中，农场的收益函数可以被表述为以下规划（PM_1）：

$$\pi(X_i^*, Y_i^*, Z_i^*, B_i^*) = \max_{X_i, Y_i, Z_i, B_i} \left\{ \sum_i^I \left[p'Y_i - w'X_i \right] - C \right\} \tag{2.13}$$

$$\text{s.t.} \quad F_i(Y_i, X_i; S) \leqslant 0 \quad \forall i \tag{2.14}$$

$$G_i(Z_i, X_i, Y_i; S) \leqslant 0 \qquad \forall i \qquad (2.15)$$

$$\sum B_i \leqslant \bar{B} \qquad (2.16)$$

式中，F_i——生产；

$\qquad G_i$——污染；

$\qquad p$——产出价格向量；

$\qquad w$——输入变量的价格向量；

$\qquad C$——固定的输出入（投入）成本。

该模型通过输入变化以对每个输出进行修改和调整。上述模型可以模拟农民如何对在农业环境制度中做出反应。在以上的分析框架里，技术的选择通过转换函数 $F_i(Y_i, X_i; S)$ 来刻画，不同的技术路径（或工艺流程）通过 $F_i(Y_i, X_i; S)$ 中输入变量、中间变量与输出变量之间的函数关系来描述。生产条件 S 很大程度上依存于其所处地理位置，即空间变量。在非生物环境中，空间变量是由气候、土壤以及两者的交互关系决定。即使作物种类和轮作方式相同，空间变量也将导致最佳技术、输入选择、产出和污染因空间地理位置的不同而变化。

2.2.3 农业生态经济模型的应用特点

Payraudeau 和 Van der Werf（2005）指出农业生态经济模型较其他研究方法有以下优点：① 他们建立在限制性的优化过程上，更接近于资源有限的经济单元的现实情况（Anderson et al.，1985）；② 具有完整技术特征的生产活动、资源限制和新生产技术能够在一个模型框架下同时得到模拟（Weersink et al.，2004）；③ 能够通过敏感性分析来评价诸如价格和技术等参数的改变经济和环境的效应（Wossink et al.，1992）；④ 这类模型既能用于短期的预测，又能用于长期的探索性研究（Van Ittersum et al.，1998）。

农业生态经济模型在方法研究导向上可以分为经验性模型和机理性模型（Mechanistic model），或者可以分为实证性模型和规范性模型（Janssen & Van Ittersum，2007）。机理性的农业生态经济模型建立在研究者已有的一个确定性图景之上的，这个图景是现实中实际发生的工艺流程的图景（Pandey & Hardaker，1995）；也就是说，机理性的农业生态经济模型是建立在已知的理论和知识上的（Austin et al.，1998）。这样的农业生态经济模型既适合于作推断也适合于长期的预测，它能够在与已知科学理解一致的方式上模拟观察到的数据之外的系统行为（Antle & Capalbo，2001）。而经验性模型则在大量数据基础上予以构建，并试图发现观察到的数据之间原先并不了解的内在关系（Austin et al.，1998）。在实证模型中，未来变化的预测大多基于过去行为的时间序列数据或过去的农业技术的描述，因而这些模型不能够轻易地处理具体的可替代的技术选择和不同的限制条件以及政策规定（Falconer & Hodge，2000）。在模型运用实践中，这两种方法通常是可以综合加以利用的，但更常见的是其应用于规范性的研究中去。

农业生态经济模型在规范性的研究中已得到了较多的应用。通过规范性的研究方法试图发现优化方案和替代选择来解决资源管理和配置中的问题。基于规范性研究方法的生态经济学模型首先要设置一个"规范"。这个"规范"刻画了个体在一定的目标（比如最大利润）下应该做什么（Berntsen et al.，2003）。机理性的农业生态经济模型经常用于规范性研究中，例如 Ten Berge 等（2000）、Berentsen（2003）和 Pacini（2003）的研究。农业生态经济模型规范研究方法可用于评价可替代性的工艺配置和有指向性的技术革新，探索政策和技术革新的长期影响。然而，其预测能力有一定的局限性，这也阻碍了他们在政策评估上的有效性。

从现有的文献和实践来看，农业生态经济模型的应用主要分为以下三类：① 探究改变的设备配置和技术革新的可行性，比如说评价一项技术在经济上是否具有可行性，是否具有积极的环境效应，比如 Abadi Ghadim（2000）；② 预测政策变化的效果，促进政策制定者和利益相关群体之间的展开相关的讨论，如 Berentsen 和 Giesen（1994）以及 Bartolini 等（2007）。③ 在农业生态经济模型本身的各种方法上进行改进，如 Apland（1993）的研究。对于研究者来说，要在实践和研究中将该模型更好地用于生产活动和政策评估，至少需要做到以下几点：① 模型评估流程要尽量全面化，并在逻辑上前后一致；② 使得决策制定和社会环境更易于理解并易于建模；③ 要使得模型能够包含多个农场经济和环境的多个方面和多个功能；④ 构建农业生态经济模型尽量能够一般化、模块化，并且易于转换（Janssen & Van Ittersum，2007）。

在政策评价方面农业生态经济模型能够在经济和环境目标之间做一个可能的权衡（Ruben et al.，1998），而且采取整体性、系统性的研究方法力图使环境影响减小到更小的范围内。这些模型能够对强制性政策（直接监管或指挥和控制，如配额和收入支持）和交易性政策（如税收、补贴和农业环境计划）进行评价，并可以根据政策制定者和利益相关者的目的，以不同的方式呈现其结果。

2.3 养殖废弃物处理方法的研究现状

2.3.1 国外相关研究

（1）重视农牧结合，养分平衡的研究

传统的养殖模式，例如，养猪、养殖与种植是紧密结合的：畜牧通过剩余农作物进行喂养，而其粪便则可以作为农作物的有机肥料（Koger et al.，2002；Koger et al.，2004）。而规模化的畜牧养殖产生大量的动物粪便，大量未经发酵处理的畜牧粪含水量大、恶臭，处理、运输和使用既不方便也不安全，加上大多养殖场所种养分离，使得大量畜牧粪便很难通过还田予以消纳。由于规模集约化养殖方式带来诸多环境方面的问题，许多环保人士提倡养猪业向小规模回归，重新与种植业结合在一起，使得国外的大量研究着重于农场生产系统的养分管理上。

国外对各类动物粪肥的养分状况、施用和管理进行了大量的研究。Van Horn等（1996）通过对建立农场内的养分平衡账户，考虑了氮磷钾在整个农场系统进行循环而不带来多余残留时的养分管理要求，以确定畜牧养殖的规模和作物种植的方式及养殖废弃物在本系统循环中的利用方式。最后，他得出结论，磷的富余要多于氮的富余，因而要基于磷的需求和利用来管理农场生产和生态系统中的养分平衡。

1999 年，美国农业部自然资源保护局和农业研究中心开发了一套用于动物粪肥养分平衡管理的计算机软件，该软件可以在 Excel 上操作，其中含有多个窗口界面以计算各类参数。利用该套软件可以查询和计算畜牧生产中的粪肥产生情况、作物对养分的利用、粪肥的养分挥发以及硝化和反硝化情况等。输入畜牧养殖的基本信息（如养殖规模、动物类型、饲养方式、农作物种植信息和土壤类型等）即可自动计算并生成养殖过程中固态和液态粪肥的产生量和养分含量、农地粪肥合理施用量和养分平衡与损失数据等。该软件还可以根据实际情况提出有关粪肥施用和管理的"最佳管理实践"（Best Management Practices，BMP）建议。对于无实测数据的地方，软件备有可替代数据，这些备用的数据主要来源于自然资源保护局的农业废弃物管理田间手册（Sharpley et al.，1999）。

康奈尔大学、威斯康星大学（麦迪逊）和美国农业部农业研究中心于 2004 年提出了一个整合的农场系统模型（Integrated Farm System Model，IFSM 模型）。IFSM 模型是一个综合考虑了奶制品、牛肉和作物整个农场生产系统的仿真系统模型。该系统模型模拟了相当长的气象年份以确定模型的长期绩效、环境的影响以及农场的经济运行效果。因此，该模型是一个长期或者说是战略规划工具。模型模拟了所有作物生产的主要过程（收割、贮存、饲养、畜牧生产、粪便处理和作物种植）以及肥料的养分返回到土地的过程（图 2.2）。通过在相同的代表性农场上模拟各种可替代的技术及管理策略，决策者可以决定这些备选的技术和策略可提供合意的农场生产水平、环境影响水平和利润水平。养分管理的关注领域是整个农场的氮损失（挥发、淋溶和反硝化作用）以及磷的平衡。在模拟农场性能的基础上，IFSM 计算农场的关键生产成本包括饲料，粪便处理成本，购买饲料成本以及净农业收入。

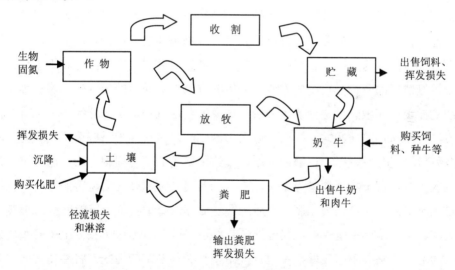

图 2.2　IFSM 模型的农场生产系统

注：集成的农场系统模型模拟了不同农场系统在相当长的气象年份里的物质和营养流，以确定农场的长期绩效，营养损失和经济运行效果。

（2）技术的适用性研究

关于畜牧污水和粪便处理，不管所采取的措施是被称为"技术办法"（基于能源、水泥、钢铁、化工等，例如，石油燃料密集型）还是"自然选择"（基于太阳、风、土地、种子等，例如，土地密集型），从实践结果看来没有模式化的最好的解决办法，而是根据当地情况和环境（社会、经济、法规）对各种各样的处理方法和技术的选择进行选择调整（Martineza et al.，2009）。这方面的研究不胜枚举。

美国开发了一个称为"栅栏状地形废水创新系统"（Barriered Landscape Wastewater Renovation System，BLWRS）。这个系统在防渗栅栏和排水系统上有一土堆，好氧区在顶端部分，厌氧区是在底部，当磷饱和时需要更换过滤介质，该系统可用于对奶牛场废水的处理（Ritter & Eastburn，1978）。经过两年的运行评估，该系统分别能去除90%、90%、99%的COD、氮和磷。而法国开发的土壤过滤系统Solepur，在其第一个五年运行期也非常成功地去除了猪粪尿中的有机物质和氮（Martinez，1997）。这个系统包括三个部分：一是将大量的猪粪尿施用在经过管理的田地里；二是收集和处理的富含硝酸盐的渗滤液；三是将处理后的水灌溉其他田地。这项研究测量了过量的粪尿对作物田地的环境影响，也增加了土壤剖面有关氮循环的知识。Catelo等（2001）通过对菲律宾家庭散养和规模化饲养污染控制情况的研究，运用成本效益分析的方法，对粪污的沼气化方法和堆肥化方法的净现值和敏感性进行比较分析，结果表明沼气处理是一种经济上更有效益的方法。Koger等（2004）提出了运用机械化清理猪粪并用以制造沼气和肥料的"零污染循环生产系统"，以解决大型、集约化猪场的环境问题。通过运用该系统猪粪收集时，其干物质含量为53%左右，同时可使尿氮转化为无害的氮气，也可通过离子交换系统转化为化肥。最后经初步估算，每个猪位每年能创造8.5美元的利润。但是这套系统仅能比较好地适合养殖密度在500 000头以上的养殖场采用。而对于生猪养殖密度低，不适合采用整套循环系统的地区，将粪便直接作为有机肥料施用于农田，则是比较可行的方法。Chinh（2005）对越南河内乳牛养殖污染治理的研究也表明在可供选择的污染控制技术中，沼气利用技术在经济与环境角度上是最有效的技术。但是沼气技术的推广存在着一定的困难，因而政府应对家庭和社区层面上采纳沼气技术给予技术上和财政上的支持，对当地居民应加强信息传播和教育，对大规模养殖户应采用污染者付费的政策。

废弃物收集和存储系统不可避免地需要土地处置。许多欧洲和北美的农场已经通过采用设备操作，使得粪肥有利于运输。在某些情况下，这些措施可以尽量减少对环境的影响，因为这样可以使得粪肥的营养在土地上得以更均匀地施用。另外情况下，财政补贴会以奖励的形式鼓励采用有机废弃物厌氧处理发电技术。相对于直接施用于土地，粪便处理意味着利用加工技术改变其物理或化学特性。这可能会带来物理、化学、机械和生物方法的互相组合的趋势。在欧洲和北美许多设备和系统都可用于处理粪肥（Burton & Turner，2003），但很少大规模采用，这是因为高额的投资和运行成本没有相应的回报，而且设备过于复杂，难以操作，使用过程中会产生更多的环境问题，比如臭气。通常采用粪便处理技术所带来的好处难以弥补投资成本以及其操作的复杂性，欧洲和北美大部分养殖场也只是在环境立法的压力下才会采用废弃物处理技术。因此，关于如何更有效地处理和利用养殖废弃物的问题仍然处于当前的研究热点当中。

（3）农业生态经济模型的构建

国外的研究着重于通过农业生态经济模型的构建模拟农牧业生产对于生态环境的影响及需要采取的对应措施。在本书 2.2 节，本研究已经对国外运用此类模型开展的农业生态环境的研究进行了着重的探讨。在养殖废弃物处理措施方面，比较著名的一个模型是"整合经济与环境优化工具"（CEEOT 模型）。1992 年，美国环保署资助了一个名为"牲畜与环境：国家试点项目"的研究，旨在开展对奶牛养殖的环境问题的研究，减少养牛场生产对环境的负面影响，增强国内产业在日益开放的国际市场上的竞争力而选择合理的技术、管理和政策机制（Bouzaher et al.，1993；Osei et al.，2008）。该项目是一个持续性一连串的项目研究，至今已进行了 10 余年之久。该项目运用了一个整合的经济环境模型系统（CEEOT）进行历年的监测研究（McFarland & Hauck，1999；Pratt，1997；Saleh，2008）。该模型模拟了不同的废弃物管理实践和政策措施的经济和环境影响，并通过设计不同的情景方案分析不同的管理实践对养牛场废弃物应用于土地施用中以减少磷的流失的影响。其中 Osei 等（1995）所设计的农场经济模型根据牛奶生产和废物处理系统的规模划分了三种牧群结构分别进行模型刻画。他们的模型是一个线性规划模型，描述了在一个农场层次上政策约束、经济禀赋、营养管理、技术选择和粪肥在农田的施用时的复杂的联系。

2.3.2　国内相关研究

目前，我国对于畜牧养殖废弃物的处理和利用研究还处于起步阶段，大部分研究偏重于对养殖废弃物处理和利用纯技术方面的研究。同时随着养殖业污染的加深，畜牧养殖业环境管理方面的探讨也渐渐开始展开，然而对于废弃物处理的技术经济分析和评价还比较少见。

（1）处理技术方面的研究

在国内，畜牧养殖污染的产生，首先是引起了环境工程领域和生物工程领域内的专家学者们的注意。他们对养殖业污染处理的问题的研究主要集中在对畜牧养殖废弃物处理技术的模式选择上的研究和探讨。这些研究比较注重对某些具体环节（如畜舍粪便收集处理、沼气工程和堆肥处理）的技术可行性分析，着重于粪便处理的技术工艺措施的分析和总结。

邓良伟（2001）提出了规模化猪场粪污处理的三种模式：还田、无动力-自然处理和机械化处理。通过对这三种处理模式的工作原理和工艺设计参数的分析评价，讨论了三种处理模式的适用条件和各自的优缺点。同时他认为基于我国的自然经济状况，我国大多数规模化猪场适宜于采用无动力-自然处理模式。国家环保总局自然生态司（2002）通过对重点省区的规模化养殖的污染现状的广泛调查，发现我国畜牧养殖业正向高度集约化发展，养殖业已与传统种植业严重脱节，养殖业产生的大量废弃物在局部地区已经难以通过还田方式加以处理，而且规模化的养殖场又大都建在城郊结合部，这给城市环境和农业生态带来了严重的环境威胁，已经成为农业生产的主要污染来源。针对我国规模化养殖的污染状况，邓良伟认为畜牧养殖的污染防治应以"资源化利用、容量化控制、减量化处理、生态化发展、低廉化治理"为原则，化害为利变废为宝，将畜牧养殖废弃物转化为可以加以利用的资源，实现种养结合互为促进的生态农业链条，使得农牧业生产与生态环境协调发展。同时，他还提出了养殖废弃物处理和利用多种技术路线和技术工艺流程以供养殖生产主体在实践中加以结合自身实际予以选用。

而与邓良伟（2001）的研究相似，张元碧（2003）认为生猪粪便污水对周边环境污染日益严重，已呈现"点—线—面"的发展态势，针对规模化养猪场存在的严重环境污染情况及治理现状，作者提出了"厌氧-自然处理"和"厌氧-还田"两种猪场粪便污水处理模式。卞有生和金冬霞（2004）则对当前的畜牧废弃物处理技术进行了概括总结，并结合国内外成功经验，研究并提出农村规模化畜牧养殖场污染的防治技术，其中包括养殖场固体粪污处理及资源化利用技术、养殖场污水处理及综合利用技术和畜牧养殖场的除臭技术，同时对常用技术如厌氧-好氧联合处理和生态工程处理技术做了简要的介绍和评价。

邓良伟（2006）再次评价了规模化畜牧养殖废水处理技术三种粪污处理模式（还田模式、自然处理模式及工业化处理模式）适用范围与优缺点、技术工艺及工程应用现状，并指出宜首选规模化畜牧养殖废水处理模式。现阶段我国规模化养殖场大多建在距离大城市较远的地区，饲养规模不大。因此粪便污水处理应优先考虑还田与自然处理相结合的综合利用处理模式。在前两种处理模式难以实施时，再考虑机械化工业化的处理模式。但随着社会经济的发展，用于消纳或处理粪便污水土地将越来越少，同时还田与自然处理模式均带来二次污染，因此工业化处理模式将会受到更多的关注，并将成为今后的研究重点。邓良伟指出不管采用何种处理模式，综合利用、减量化、资源化、无害化和运行成本低廉化将是养殖废水处理的首要原则。王倩（2007）以山东省昌乐县白塔镇为试验基地研究畜牧固体粪便的处理问题，研究得出高温堆肥是畜牧固体粪便和秸秆资源化利用的最佳有效途径，通过高温堆肥可以很好地解决研究区域内畜牧固体废弃物和作物秸秆（尤其是芋头秸秆）对环境带来的危害，并具有一定的经济效益和环境效益。邓良伟等（2008）又提出对于规模化猪场废弃物处理"除资源化利用外，还可采用物理法、化学法、物化法以及生物法进行处理"。他们同样对处理工艺技术在大的方向上进行了归纳分类，将规模化猪场粪污处理方法可归结为三种模式：沼气（厌氧）-还田模式、沼气（厌氧）-自然处理模式和沼气（厌氧）-好氧处理结合模式（工业化处理模式）。而由于我国规模化猪场大多建在离城市较远的地区，饲养规模不大，因而粪污处理应优先考虑沼气发酵和沼渣沼液还田利用，利用不完全的再采用自然处理模式加以处理。只有在猪场规模比较大，周围土地紧缺的情况下，才推荐采用沼气（厌氧）-好氧结合的处理模式。

而黄志彭（2008）则首次开发了一个养殖场畜牧粪污管理系统，旨在预算畜牧养殖场粪污负荷和养殖场配套耕地养分需求的基础上，制定合理的粪污还田利用计划。通过该系统，可以更加合理地将畜牧粪便应用于农田，避免了作物生长需肥期与畜牧粪便使用期不一致的矛盾，避免了畜牧粪污滥用等现象。该研究创新性地构建了粪污管理的模拟运算系统，具有一定的实践可行性和实用价值。但是，该研究仅考虑了还田的利用方法，没有考虑到大规模养殖带来的畜牧粪污在还田不能解决的情况下，如何加以综合化处理和利用的问题。

（2）环境管理方面的探讨

由于畜牧废弃物排放量逐渐加大，污染治理难度逐渐加大，人们逐步意识到畜牧养殖污染的治理是一个系统性的工程，单纯依靠环保技术的应用，已难以解决日益复杂的畜牧养殖污染问题，畜牧养殖污染防治的理念也逐步从末端治理转移到综合管理上来。一些学者逐步从养殖业环境管理方面开始做一些政策上的分析和探讨。

付俊杰和李远（2004）在借鉴发达国家畜牧养殖业环境管理经验的基础上，提出要以减量化、无害化及实用廉价为原则，综合防治，建立畜牧养殖业污染物处理最佳模式。其提出的防治对策一是要确定畜牧养殖业清洁生产技术路线，在畜牧养殖业实施清洁生产，遵循"以地定畜、种养结合"的基本原则，在生产过程中有效控制污染。二是要确定畜牧养殖业污染物处理最佳技术和最佳模式，畜牧粪便处理技术最好要采用好氧堆肥发酵的方法。三是要出台相关扶持政策，通过政策倾斜调动治理污染的积极性，如对为削减污染负荷总量而关闭的场点给予政策性补贴，对需要治理的养殖场给予资金支持，对养殖废弃物的综合利用给予补贴，制定鼓励生产和使用有机肥的优惠政策。李远（2005）在研究我国畜牧养殖业的环境问题与防治对策时指出"当前从实际出发，借鉴国外经验，以保护和改善农村生态环境为目的，以废弃物资源化和综合利用为根本，以环境容量为基准，以减量化、资源化、无害化及实用、廉价为原则，合理规划，防治结合，强化管理，走具有中国特色的畜牧养殖污染防治道路。" 苏杨（2006）指出随着我国规模化畜牧养殖迅速发展，养殖废弃物带来的环境污染危害日益严重，对当地自然环境和居民健康威胁很大。考虑到经济和技术等原因，"只有综合利用、农牧一体的方法才能从根本上解决规模化养殖场污染问题"。但这种方法在我国却存在着诸多推广障碍，例如，环境标准和监管体系缺乏、技术和资金门槛高和副产品没有获得合理的市场回报等。作者最后建议采取多种措施促进综合利用，即提高养殖场的排污标准和排污费征收标准，按照工业污染治理的办法进行养殖场环境监管，在重点地区开展专项整治，从税收、土地价格、贷款等方面予以扶持等。孙振钧和孙永明（2006）在探讨我国农业废弃物资源化与农村生物质能源利用的现状、发展与方向时指出需要采用新技术和新的综合工程方法来开展有机废弃物的资源化与利用。其中在技术层面上，要向机械化、无害化、资源化和高效化目标发展，走综合利用的道路；在产品层面上，要向廉价化、商品化、高质化和多功能化目标发展，走多样化多功能产品开发的道路。江希流等（2007）认为当前畜牧养殖污染较为严重的主要原因在于："用于污染防治资金不足，投资不尽合理；治理工艺及技术系统化考虑不足；农业产业结构布局不尽合理，养殖业和种植业分离是造成粪便没有出路的关键"。基于以上原因提出以下几点建议：① 部门协调建立综合决策机制，促进环境与经济协调发展；② 合理调整畜牧养殖区域布局，控制畜牧养殖规模；③ 政策引导，推动种养结合生态农业的发展。王宇波等（2009）采用2008年武汉市29家规模化猪场及其周边145个农户的调查数据描述了武汉市规模化养猪场污染现状，通过对养猪场周边环境承载力的测算论证了猪场环境污染的存在，并在此基础上提出"以大中型沼气工程为载体，发展循环经济，是实现城郊规模化养猪可持续发展的可行途径。"

（3）经济效益评价方面的探讨

与此同时，在防治畜牧污染的实践中，人们也逐步认识到规模化畜牧养殖废弃物不同于一般的工业污染和生活污染的治理，不但治理难度大，而且投入成本大、效益低。畜牧养殖环境管理需要综合考虑技术、经济和环境之间相互的影响和关系。同时面对纷繁复杂的处理技术和工艺，一般养殖场往往无从选择，造成了资金投入的浪费和环境效益仍然不高的不良后果。一些学者开始尝试从工程的经济效益的角度对畜牧废弃物处理工程的某个环节或具体工程做一些简单的技术经济分析，来评价相关防治技术的可行性和适用性。

华永新、朱剑平（2004）通过对大中型畜牧养殖场沼气工程模式和效益进行分析，认为其市场化的能力还相当弱，甚至不具有商业化的条件，今后需要政府的资金和政策支持。同时指出规模化养殖场根据养殖规模、资源量、污水排放标准、投资规模和环境容量等条件的不同，对沼气工程项目要因地制宜地选用综合利用型、生态型和厌氧-好氧达标型三种不同的工艺类型。曾悦（2005）对我国粪肥的资源化进行可行性分析，通过对各种粪肥的费用效益分析，探讨特定区域使用粪肥的经济距离，对确定区域农田粪肥消纳量、制定畜牧养殖发展规划具有较为重要的现实意义和理论价值。王宇欣等（2008）在对京郊农村大中型沼气工程发展现状进行实地调研的基础上，研究了北京市大中型沼气工程的分布、规模、发展特点、成功经验及存在问题。同时结合环境经济学中的外部性效益分析方法，提出了进一步促进北京大中型沼气工程发展的对策和建议，即建立京郊农村大中型沼气工程有效的融资机制，加大京郊大中型沼气工程清洁发展机制（Clean Development Mechanism，CDM）项目的开发力度，构建畜牧养殖排污权交易制度，加强工程规划和管理，提高综合效益。

目前这些从技术经济评价上开展的研究，为人们对畜牧养殖场污染处理的技术选择提供了一些有益的建议，但大多研究对象相对单一，研究工具相对比较简单，多是对某个工艺环节或某个具体工程做一个现状上的经济效益评价，缺乏对整体处理系统的技术经济评价分析和相应的技术经济比较分析。

2.4　对现有研究状况的评述

通过上述对国内外学者涉及生态经济理论与模型、养殖废弃物处理及利用问题的研究的回顾，不难看出，国内外对于规模化养殖废弃物问题的研究都比较重视，从环境、技术和农业等领域出发展开多学科多角度的研究，取得了一定的研究成果。

现有研究都充分地认识到了规模化畜牧养殖带来的污染的严重性，大都强调以类似治理工业污染的办法去治理畜牧养殖污染，对其进行环境管理。在研究的理论基础上，基本都是基于生态学和环境工程的基础理论，并逐步引入生物学、地理学和经济学的相关理论，为养殖废弃物处理及利用的研究提供了更为宽广和深厚的理论基础。在研究方向上，现有的研究也已逐步认识到畜牧养殖的污染治理和环境管理的研究单单从一个学科出发是不够的，交叉学科的研究越来越多。在研究方法上，系统性、综合性的研究方法逐步增多，国外农业生态经济模型的构建越来越精细和复杂，越来越符合现实，并取得了丰富的研究成果，在付诸于实践中也取得了较好的效果。在具体的养殖废弃物处理和利用方法的研究成果中，

"自然处理"的方法和"工业技术处理"的方法并行发展，都取得了各自相应的技术发展和突破，在实践中均得到了广泛的应用，这两种方法的结合运用将越来越普遍。

　　与国内研究相比，国外对于畜牧养殖物废弃物管理的研究起步较早，研究范围较为全面，方法更为科学规范，取得了丰富的科研成果。具体表现为：① 在研究的范围领域上，由于畜牧养殖物废弃物管理研究的自身特点，多学科多领域交叉研究已逐步成为一种趋势。目前关于养殖物废弃物管理的研究已经涉及生态学、经济学、管理学、营养学、环境学和工程学等多个学科，涉及养分管理、土壤环境保护、环境工程、生物质能源的利用和生态工程等方面的理论和技术。这些研究已经不再单纯考虑技术上的改进，更多地运用生态、环境和经济之间的交叉，从系统整合的视角出发，拓宽研究范围，逐步拓展到其他领域（如畜牧业管理、养分管理和生物质能源利用等），以期在更广阔视角范围内研究考察，获得更深入的一些洞见。② 在研究的理论基础上，国外学者广泛借鉴生态学、环境学和经济学的基本理论，基于生态平衡、物质平衡与经济平衡的关系，研究生态、环境与经济的之间的互动关系与矛盾。其理论基础除经济学和生态学的生态系统论、物质平衡理论、生产者行为理论和外部性理论以外，还涉及了当前自然和社会领域中一些独立存在的学科，如地理学、社会学、人口学等学科的基础理论。③ 在研究的方法规范上，国外的研究着重于构建跨学科的整合的模型系统，通过系统模型的模拟来考察系统之间的相互关系，预测将来可能出现的结果，取得了较好的效果。随着可用的技术方法的不断改进，研究者越来越多地运用模拟和数学规划技术来研究农业经济和环境问题。运用数学规划法将农业经济与环境系统加以整合的研究越来越多。这些工具不但可以反映决策目标和环境的丰富组合，而且可以较大程度上描述农业生产的特征属性。它使得政策评估和技术选择所依据的信息更加完备，因而结果更加有效。然而，大多数的研究仅在某一环节上进行经济和环境指标的整合，没有将污染处理与资源利用的技术过程充分地纳入模型。

　　由于在我国规模化畜牧养殖业污染问题是近些年才刚刚出现的问题，畜牧养殖废弃物的防治问题近年来才逐渐引起学者们的注意，国内学者对于养殖废弃物处理和利用问题的研究才刚刚起步，总体研究水平还比较薄弱。在研究视角上，自然科学、技术领域内的研究比较多，但是将技术、经济和环境结合起来进行整合的研究目前尚不多见。而在农业技术经济学研究领域，探讨技术与经济互动关系的研究比较多，却很少有研究同时把环境问题也考虑进来。在研究范围上，国内学者由于本学科研究范围的局限，大多是从本学科领域出发对某一工艺环节或技术流程进行探讨，缺乏对整个废弃物处理和利用系统进行的整体和系统性的技术经济和环境效应评价，缺乏学科交叉性的研究和系统整合性的分析。在研究方向上，主要集中在处理技术上的技术比较研究，偏重于技术效率的比较。大多是对技术和工艺实用性和适用性的探讨，缺乏技术经济上的比较分析，缺乏对技术的经济效益的评价。在研究方法上，国内学者大都在借鉴国外先进技术和管理经验的基础上探讨对畜牧养殖污染性质和危害的认识，采用一般描述性语言和比较分析的方法对畜牧污染防治措施和管理政策进行定性的探讨，缺乏运用科学、规范的模型方法来进行专门性的系统的建模研究。

根据国内对规模化畜牧养殖废弃物处理和利用管理问题的研究现状，并与国外学者的同类研究对比，不难发现，采用国外比较成熟的生态经济学系统建模方法，结合我国规模化畜牧废弃物处理和利用的实际，构建我国的农业生态经济模型，从生态学、环境学和经济学多学科交叉的角度展开研究，将畜牧养殖废弃物资源化利用中的技术、经济和环境变量纳入一个整体的分析框架，来研究畜牧业规模化养殖废弃物处理和利用的技术经济优化问题，对畜牧养殖生态经济系统中养殖方式、废弃物处理和利用方法以及相应的技术选择进行全面而系统性的技术经济优化分析和比较分析，在当前显得尤为必要，并具有非常重要的理论意义和实践价值。

3 我国畜牧养殖废弃物处理与利用现状和问题

我国是一个畜牧养殖大国,而且目前仍处于高速发展之中,规模化集约化养殖比例逐年上升,其带来的环境污染越来越显著。本章总结我国畜牧养殖业及规模化畜牧养殖的发展情况,分析其带来的环境危害,并以此为基础从废弃物处理方式、利用方式、资源化利用状况、技术采用情况和政策管理等方面分析目前规模化畜牧养殖的废弃物处理和利用中存在的问题,为后面章节模型的建立和结果的分析提供依据。

3.1 我国畜牧养殖发展情况

3.1.1 改革开放以来畜牧养殖发展情况

我国的畜牧养殖业作为农业产业体系的重要组成部分,在近30年来获得了迅速的发展,畜牧业产值在农业(大农业)生产总值中所占的比重逐步提高,由1978年的15.0%提高到2008年的36.7%(图3.1)。畜牧业产值在整体农业经济中已是"三分天下有其一"。在很多畜牧业比较发达的地区,养殖业已经成为农村经济的主体。

与此同时,主要畜牧出栏量和存栏量稳步提高(图3.2,图3.3)。主要畜牧猪、牛、羊、家禽和兔类的每年出栏量分别以4.5%、10.2%、7.9%、8.3%和10.1%的速度增长[1];大牲畜、牛、猪和羊的年末存栏量分别以0.9%、1.4%、1.4%和1.7%

---

① 猪、牛和羊的统计数据从1978年开始计算,由于统计数据的缺失,家禽和兔出栏量分别从1990年开始计算。

的平均速度增长。肉类禽蛋和奶类的产量增长迅速，取得了令世人瞩目的成绩（图3.4）。肉类、禽蛋和牛奶产量每年的平均增长速度分别为 7.4%、8.8%和13.1%，其中猪肉产量每年平均增长速度为 5.4%[①]，我国从 1991 年以来连年保持世界上猪肉生产第一大国的地位。畜牧养殖业已经成为我国农村经济中一个重要的农业产业。

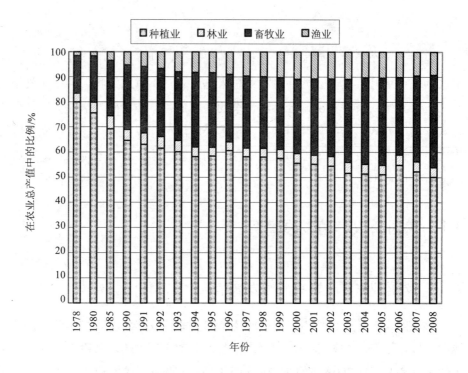

图 3.1　1978—2008 年全国农业产值结构

数据来源：历年《中国畜牧业年鉴》，作者整理计算。

[①] 由于统计数据的缺失，禽类从 1980 年开始计算，猪肉从 1979 年开始计算。

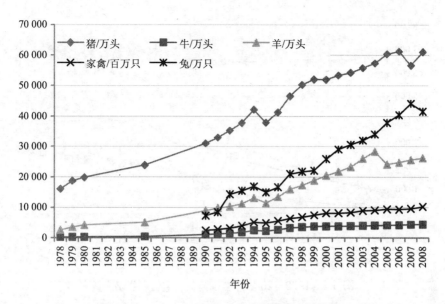

图 3.2　1978—2008 年全国主要畜牧出栏数量

资料来源：历年《中国畜牧业年鉴》。

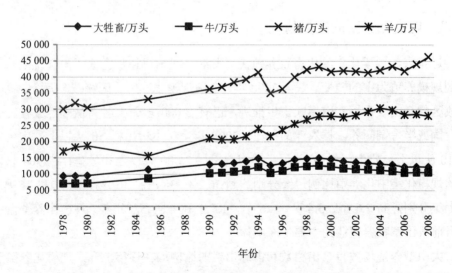

图 3.3　1978—2008 年全国主要牲畜年末存栏量

数据来源：历年《中国畜牧业年鉴》。

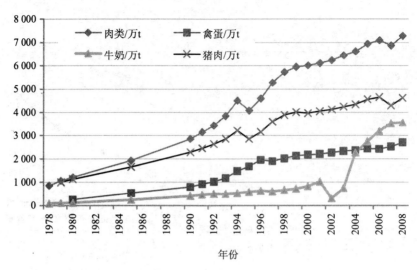

图 3.4　1978—2008 年全国肉类、禽蛋和牛奶产量

数据来源：历年《中国畜牧业年鉴》。2000—2007 年数据根据第二次农业普查结果进行了调整。

3.1.2　规模化养殖的发展情况

近年来，规模化集约化畜牧养殖快速发展，我国已逐步完成了由传统散养为主到规模养殖为主的转变。截至 2008 年，全国规模化养殖小区突破 8 万个。牧区半牧区的舍饲半舍饲养殖模式稳步推进，已有 3 000 多万头牲畜从天然放牧转变为舍饲或半舍饲圈养。据农业部统计，2008 年全年生猪出栏 50 头以上、肉牛出栏 10 头以上、奶牛存栏 20 头以上、肉鸡出栏 2 000 只以上和蛋鸡存栏 500 只以上的规模化集中化养殖比例已经分别达到 56.2%、38.0%、36.1%、81.6%和 76.9%，比上年分别提高 7.6 个、3.4 个、4.6 个、1.5 个和 4.8 个百分点。规模化养殖已成为目前我国畜牧养殖业的主要生产主体。

大中型养殖场数目、出栏数和占总出栏的比例均在逐年上升，规模化养殖已经成为畜牧养殖发展的大势所趋。以生猪规模化养殖为例，2001—2008 年出栏在 3 000 头以上的养殖场数目、出栏数以及占当年生猪全部出栏总数的比例均在逐年上升（图 3.5、图 3.6、图 3.7），年平均增长比例分别为 23.3%、21.6%和 19.2%，可见规模化养殖发展速度很快。

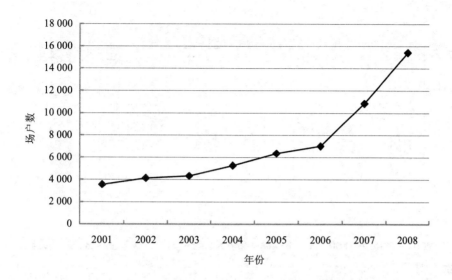

图 3.5 2001—2008 年 3 000 头以上规模生猪养殖场户数

数据来源：历年《中国畜牧业年鉴》，作者整理计算。

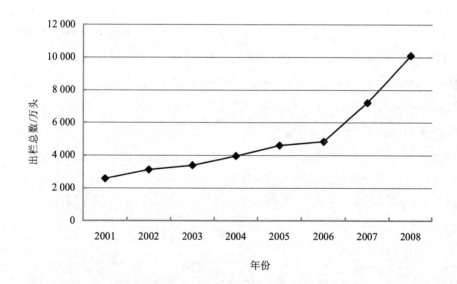

图 3.6 2001—2008 年 3 000 头以上规模生猪养殖场出栏总数

数据来源：历年《中国畜牧业年鉴》，作者整理计算。

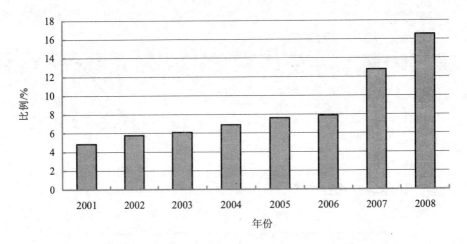

图 3.7　2001—2008 年 3 000 头以上规模生猪养殖场出栏总数占该年生猪出栏总数的比例

数据来源：历年《中国畜牧业年鉴》，作者整理计算。

　　同时，由于市场需求和成本节约的推动，我国畜牧养殖业逐步向规模化、集约化发展，并向城郊和人口密集区域集中。目前，规模化养殖主要集中在经济比较发达的东部沿海城市和大中城市周围。以生猪养殖为例，2008 年生猪规模养殖（年出栏 50 头以上）已经占当年总出栏数的 56%，其中 73% 的出栏生猪、75% 的大规模种猪养殖场分布在东、中部地区的大中城市郊区。东部地区、中部地区和西部地区①的年出栏 50 头以上规模化饲养比例分别为 70.3%、62.4% 和 31.7%，1 000头以上的大中型养殖场出栏量分别占总出栏量的 24.6%、22.6% 和 7.7%。东部、中部的规模化比例明显高于西部地区（图 3.8），并均大于全国平均值。年出栏在 50 头以上和年出栏在 1 000 头以上的规模化比例前十位的省份均分布在东中部地区。年出栏 50 头以上规模化养殖比例排在前十位的分别是天津、北京、上海、广东、浙江、福建、河南、山东、黑龙江和辽宁；年出栏 1 000 头以上大中型规模化养殖比例排在前十位的分别是上海、北京、广东、福建、江西、浙江、河南、

---

① 本研究三大地区的划分采用国务院西部开放办公室的划分标准。三大地区的组成是，东部地区包括北京、天津、河北、辽宁、山东、上海、江苏、浙江、广东、福建和海南 11 省市，中部地区包括黑龙江、吉林、山西、河南、安徽、江西、湖北和湖南 8 省区，西部地区包括内蒙古、甘肃、宁夏、四川、重庆、贵州、广西、云南、陕西、新疆、青海和西藏 12 省市区。

海南、天津和湖北（表 3.1），其中年出栏 50 头以上规模化程度最高的 6 个省份，年出栏在 1 000 头以上规模化程度最高的 4 个省份全部是东部省份。对环境影响较大的大中型养殖场主要集中在人口比较集中、水系比较发达的东部地区，这给当地环境带来了不小的压力。

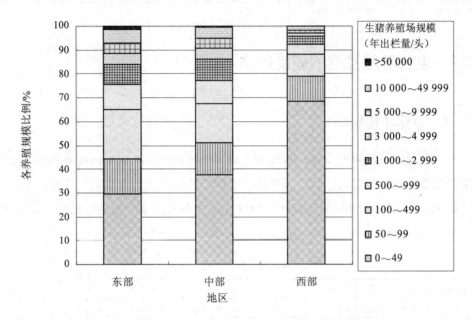

图 3.8 不同区域生猪饲养规模化比例

数据来源：2009 年《中国畜牧业年鉴》，作者整理计算。

表 3.1 生猪规模化饲养前 10 位的地区 单位：%

序号	50 头以上生猪饲养		序号	1 000 头以上生猪饲养	
	省份	规模化比重		省份	规模化比重
1	天津	96.2	1	上海	65.9
2	北京	90.6	2	北京	48.7
3	上海	90	3	广东	42.4
4	广东	81.3	4	福建	35.1
5	浙江	78.4	5	江西	34.8
6	福建	77.7	6	浙江	32.6
7	河南	73.6	7	河南	32.3
8	山东	70.6	8	海南	31.8

序号	50 头以上生猪饲养		序号	1 000 头以上生猪饲养	
	省份	规模化比重		省份	规模化比重
9	黑龙江	69	9	天津	24.6
10	辽宁	66.2	10	湖北	22.8
全国平均		56.2			18.9

数据来源：2009 年《中国畜牧业年鉴》，作者整理计算。

3.2 畜牧养殖发展的环境影响

3.2.1 总体环境影响

随着我国畜牧业的发展，畜牧养殖废弃物污染日益严重，已成为农村面源污染的主要来源。为对畜牧养殖带来的环境污染风险做出更为准确的评价，本研究根据王方浩（2006）的估计方法对 2007 年全国畜牧粪便产生总量进行估计①，结果如表 3.2 所示。

表 3.2　畜禽粪便排泄系数、总量及氮磷含量

畜禽种类	排泄量	TN/%	TP/%	畜禽数量/头	粪便总量/t	氮 N/t	磷 P/t
猪	5.30 kg/d	0.24	0.07	56 508.27	59 599.27	141.85	44.10
役用牛	10.10 t/a	0.35	0.08	9 378.90	94 726.89	332.49	77.68
肉牛	7.70 t/a	0.35	0.08	4 359.69	33 569.61	117.83	27.53
奶牛	19.40 t/a	0.35	0.08	1 225.90	23 782.46	83.48	19.50
马	5.90 t/a	0.38	0.08	702.77	4 146.34	15.67	3.19
驴骡	5.00 t/a	0.38	0.08	987.59	4 937.95	18.67	3.80
羊	0.87 t/a	1.01	0.22	28 564.72	24 851.31	251.99	53.68
肉鸡	0.10 kg/d	1.03	0.41	566 833.78	3 223.91	33.27	13.31
蛋鸡	53.30 kg/a	1.03	0.41	210 255.49	11 206.62	115.65	46.28
鸭、鹅	39.00 kg/a	0.63	0.29	180 777.77	4 056.36	25.35	11.76
兔	41.40 kg/a	0.87	0.30	22 182.12	226.44	1.98	0.67
总量合计	kg				264 327.16	1 138.23	301.52

注：TN 表示全氮含量，TP 表示全磷含量。

---

① 为更准确地评价畜禽粪便带来的环境压力，正确估算我国畜禽养殖业粪便产生量尤为重要。然而以往多数研究仅以猪、牛和家禽的粪便排放量作为畜禽粪便总排放量，而忽略了其他畜禽，导致研究结果相差甚远，不能全面正确地考察畜禽粪便的总量及其环境效应（王方浩等，2006）。

由表 3.2 可以看出，2007 年全国畜牧粪便总量达到 26.43 亿 t，是同期工业固体废弃物 2.28 倍；其中氮（N）和磷（以 P_2O_5 计）的含量分别为 1 138 万 t 和 702 万 t，相当于同期化肥使用量的 0.5 倍和 0.91 倍[①]。预计到 2020 年我国畜牧粪便产生量将达到 41 亿 t（孙振钧、孙永明，2006）。

目前，我国每年畜牧粪便产生量巨大，如果得不到合理有效的处理将会给当地水体、土壤和大气等环境以及人畜健康带来很大的危害。

（1）对水体的影响

畜牧养殖场中未经处理的高浓度污水和固体粪便被降水淋洗冲刷极易进入周边水体，使得周边水体中的固体悬浮物（SS）、微生物和有机物含量增高，改变水体原有的物理、化学和生物性质，破坏原有的生态平衡。2007 年，我国畜牧粪便产生量已高达 26.4 亿 t，折合 COD（化学耗氧量）总量约为 0.96 亿 t，是目前全国污水排放的 COD 总量的 7.3 倍[②]。农村畜牧养殖业发展，使得很多地方由畜牧粪便带来的氮和磷总量剧增，最大达到 1 721 kg N/hm^2 和 639 kg P_2O_5/hm^2，大大超过了当地农田可承载的安全负荷，本地的农田不能有效消纳的畜牧养殖业产生的氮、磷养分已经成为各大水域的重要污染源（张维理等，2004）。根据上海市环保局进行的"黄浦江水环境综合整治研究"课题的调查和广州市有关资料，畜牧养殖造成的水体污染已经成为上海市和广州市最主要的污染之一；北京市环保局在 2001 年对 4 个规模较大的养殖场及其所在地区的地下水进行监测发现，养殖场（或畜牧场）的 NH_3-N 和细菌总数均大于所在地区的平均水平，并且其中两个养殖场周围的地下水总大肠杆菌数达到标准上限，一个养殖场周围地下水的 NH_3-N 项目高出当地水质上限浓度 3.87 倍（王凯军、金东霞，等，2004）。

（2）对土壤的影响

近年来，大量研究表明农田施用畜牧粪肥可以增加土壤养分、增强土壤微生物活性、降低污染土壤重金属毒性和改善作物品质等（Clark et al.，1998；Carpenter-Boggs et al.，2000；Bolan et al.，2003；Hao Xiying et al.，2001）。但与此同时越来越多的研究也表明，大量施用畜牧粪肥会对土壤、大气和水体等造成潜在威胁（姚丽贤、周修冲，2005）。如果大量的动物粪便作为有机肥料不经过无

[①] 根据王方浩（2006）估算方法及《中国畜牧业年鉴 2008》相关数据计算。

[②] 数据来源：2008 年《中国环境统计年报》和《畜禽养殖业污染防治技术政策（征求意见稿）》编制说明。

害化处理直接施用于土壤，其中的蛋白质和脂肪等有机质会被土壤有机质分解成氨、胺和硝酸盐，氨和胺在微生物的作用下转化为硝态氮（亚硝酸盐和硝酸盐）；脂肪和类脂等含碳有机物则被微生物降解为二氧化碳和水。如果粪便使用量超过土壤自身的承载和自净能力，便会出现厌氧腐化和降解不完全，使得土壤性状发生变化，造成土壤板结、透水透气性下降，损害土壤质量。同时，过量的亚硝酸盐通过土壤冲刷和毛细管作用渗入地下水还会造成地下水的污染，如果硝酸盐转化为致癌物质亚硝酸盐污染了作为饮用水水源的地下水，将会给人畜饮水带来威胁，而这种污染通常需要经过 300 年才能够自然恢复（章明奎，2005）。

（3）对大气环境的影响

畜牧养殖场产生的粉尘、微生物和恶臭排入大气后，经过大气气流的稀释、扩散、氧化和光化学作用分解、沉降和土壤吸附等作用而得到自净，而养殖场排放的各种污染物超过大气的自净能力，就会对人畜健康带来危害。养殖场每天排出大量的硫化氢（H_2S）和氨气（NH_3）等有害气体。硫化氢是一种有害有臭味的气体，是造成酸雨的主要气体来源。氨气是一种有毒气体，氨气进入呼吸系统后，可引起畜牧上呼吸道黏膜充血，分泌物增加，直至引起肺部出血和炎症等病症。氨气排出舍外，则会污染大气环境，氮的沉降还可能引起土壤和水体酸化。北京市环境科学研究院大气研究所的研究得出，每年北京市畜牧养殖业排放 NH_3 量为24 330 t，占全市 NH_3 排放量的 34%；其中规模化养殖场排放 NH_3 量为 6 676.2 t，为全市畜牧养殖业排放量的 27.4%[①]。同时，畜牧每年释放的甲烷的量占大气中甲烷气体的 20%，尤其以反刍动物甲烷释放量最大。甲烷是重要的温室气体，近百年来甲烷每年正以 0.9%的速度持续增长，且甲烷增温潜势是二氧化碳的 21 倍，甲烷是仅次于二氧化碳的第二大温室气体（董红敏、朱志平，2006）。随着畜牧业的发展，畜牧养殖的甲烷释放量不断增长，对环境带来的危害也日趋严重。

3.2.2 规模化养殖的环境影响

目前，我国畜牧养殖业处于规模化养殖迅速发展的阶段，正经历由传统散养为主到规模养殖化为主的转变。传统上，以家庭为单位的散养方式的畜牧养殖，畜牧粪便可以作为农业作物的有机肥料及时应用于农业生产，保持了良好的生态

---

① 北京市环境科学研究院. 北京市规模化畜禽养殖场污染现状及防治对策研究（内部资料）. 2001。

平衡，一般不会产生严重的环境污染。但是规模化养殖方式的情况完全不同。由于规模化的饲养导致农牧脱节，畜牧粪便产生量大且比较集中，由于相对缺乏足够的耕地承载，不可能完全实现直接的还田利用，因而从环境污染风险的角度来看，规模化畜牧养殖是畜牧养殖环境污染的主要方面（国家环境保护总局自然生态保护司，2002）。

近年来，集中化畜牧养殖产生的粪便所带来的环境污染问题逐步为人们所认识，各国科学家从不同角度论证了畜牧粪便对于水环境和土壤环境的破坏。畜牧养殖场中高浓度、未经处理的粪污和恶臭气体等对土壤、水体、大气和人体健康及生态系统造成直接或间接的影响。在畜牧养殖业密集的地区，畜牧粪便施用量往往超过农田负荷量，使土壤中的硝酸根产生积累、淋溶和迁移，从而污染地表水和地下水。畜牧粪便污染物中有毒有害成分进入地下水后，会使地下水溶解氧含量减少，水质中有毒成分增多，直至失去使用价值。而且一旦污染了地下水，将极难治理恢复，造成较持久性的污染。磷的过量积累与畜牧养殖的集中化密切相关，这主要是由于肥料养分与作物生长所需的养分不平衡。在许多集中化养殖区，磷是养分的主要来源。而一般情况下，磷是通过土壤颗粒吸收然后缓释而出的，土地持续过量施用磷，超出了土壤的吸收能力，土壤中的磷便会通过地表径流流入下游水体，污染地表水。

规模化的畜牧养殖场由于集约化程度高，畜牧单位空间内密度大，与传统养殖相比产生的粪便及污水量排放更大。李立山、张周（2006）指出一个 10 万头猪场日产鲜猪粪 80 t、污水 260 t，排放细菌 15 亿/h、NH_3 159 kg/h，H_2S 14.5 kg/h 和 25.9 kg/h 饲料粉尘，这些粉尘随风可传播 4.5～5.0 km 远的地方。这些污染物若处理不当，就会造成较大的环境污染。田宗祥（2009）对一个养猪场的监测测定显示，污水中 COD、氨氮、总磷等排放量是《集约化畜禽养殖业水污染物最高允许日均排放浓度》（GB 18596—2001）的 7～13 倍、2～8 倍和 1～2 倍。

同时，国外的大量相关研究也都表明了规模化养殖所能带来的环境威胁。McFarland 和 Hauck（1999）的研究称他们在得克萨斯州中北部 Bosque 流域的研究发现集中化养殖的奶牛场的粪便在田地里的施用与当地地表水中磷的含量水平有着明显的联系。同时在其他集中化牲畜养殖区，如特拉华州的 Suffolk 镇（Mozaffari & Sims，1994）、佛罗里达州的 Okeechobee 湖流域（Goldstein & Ritter，

1995）和荷兰（Breeuwsma & Silva，1992），都发现了土壤和地表水中磷含量的大幅度提高。1999 年，美国北卡罗来纳州的几十个养殖场集粪池的粪污因飓风导致外溢进入河水，造成切斯贝克湾的几十万条鱼死亡（Parker，2000）。同时大规模养殖场产生的一些有毒或恶臭气体（主要是醇类、酚类、酮类、醛类、硫醇类、脂肪酸等）还会引起大气污染。大型养殖场释放的高浓度 H_2S 会导致大脑损伤以及类流感症状（Miller et al.，2003）。

我国畜牧养殖业逐步向规模化、集约化发展，并向城郊集中。为满足城市"菜篮子"供给，畜牧养殖场大多集中在城市郊区周边，并向集约化、规模化方向发展，畜牧业逐步从农业体系中分化出来，专业化和规模化已成为其发展趋势（沈玉英，2004）。为降低养殖、运输和销售成本及便于加工，规模化畜牧养殖场大多设在人口稠密、水源充沛和交通便利的地方，而防疫和生态环境条件却没有得到足够的重视。在很多地方养殖场距离居民区越来越近，刘巧芹等（2009）基于 GIS 对北京市城郊农村土地利用格局分析中发现北京城郊分布在离居民点和道路500 m 内和 1 km 内的畜牧养殖用地面积分别超过 73%和 91%，离水体 500 m 及1 km 内的畜牧养殖用地面积分别为 43.3%和 72.5%；该地区的畜牧养殖场离居民点、道路和水体过近，空间布局明显不合理。在很多地方由于养殖场选址不当，给周边生态环境构成了很大的威胁。随着城市的发展和农村城镇化的建设的发展，用于消纳畜牧粪便耕地面积相对减少，在很多地方可利用耕地面积已经不能够满足消纳畜牧粪便的需要。随着养殖规模的扩大，粪便污水产生相对集中，而绝大多数养殖场由于受到土地制度的制约没有相应的配套耕地对其产生的畜牧粪便予以消纳，畜牧粪便难以及时加以利用，给周边环境带来环境压力。同时，养殖规模的不断增大导致畜牧养殖场所与农田的距离拉大，使得将这些粪便运往农田的费用大大增加，种养分离日趋明显，畜牧粪便得不到农业利用，又缺乏其他的处理和利用手段，环境威胁日益加大。

3.3　当前养殖废弃物处理与利用的主要方式

当前针对畜牧养殖废弃物处理与利用的方式及其采用的技术多种多样，既有传统上的处理与利用方式（例如，土地处理和沼气发酵等），也有从工业废弃物和生活废弃物处理技术上引进的处理技术（例如，直接燃烧、好氧曝气处理和厌氧处理等），还有根据畜牧废弃物自身特点而开发的新技术（例如，生物堆肥技术和饲料化技术①等）。本研究着重考虑规模化畜牧养殖废弃物处理方式的选择问题，因而可以按照废弃物物质最终去向，在归纳综合当前畜牧废弃物处理与利用的主要方式的基础上，将其分为4类。

3.3.1 还田处理

将畜牧粪便污水还田作为农田作物的肥料是传统上养殖废弃物常用的处理和利用方法，通过粪肥还田可使畜牧粪尿不排往其他外界环境，达到污染物的"零排放"。同时又能将其中有用的营养成分在土壤和植物生态系统中得到循环利用，传统畜牧散养方式废弃物处理均采用这种方法。而规模化的养殖场采用还田处理方法时还需要建造一定规模的贮存池进行无害化处理，同时配备运输和播撒设施以方便施用。

粪便还田方式适用于远离城市.土地宽广且有足够土地消纳粪便污水的地区，特别是农作物种植常年需施肥作物的地区。其主要优点：① 污染物零排放，最大限度地实现资源化，可减少化肥施用量、提高土壤肥力；② 投资较少、运转费用低、经济有效。该方式的采用也存在一些问题：① 需要大量土地来消纳畜牧废弃物，受土地条件所限而适应性弱；② 连续过量施用或不合理的施用将会导致硝酸盐、亚硝酸盐、磷和重金属累积，污染地表水和地下水（邓良伟，2006）。

美国约90%的养殖场采用还田方法处理畜牧废弃物。欧洲和日本也是大力推广粪便污水还田方式。我国上海地区在防治畜牧养殖污染的实践过程中，经过近10年的治理实践，也逐步采用还田利用的综合处理模式。

3.3.2 厌氧处理

厌氧处理是养殖场粪污处理中较为常用的主要方法。对于规模化养殖场所产生的高浓度的有机废水，必须采用厌氧消化处理，才能大量地去除其中的可溶性有机物进行（去除率可达85%～95%），同时可杀灭传染性细菌。厌氧处理方式主

---

① 由于禽流感的肆虐，为防止畜禽疾病对人类造成的危害，一般认为不应将饲料化作为发展方向（相俊红、胡伟，2006）。

要是通过厌氧菌的作用将动物粪便中的有机物进行复杂的分解代谢，能够明显降低废水中的有机物和 BOD，并能够生产清洁能源沼气。厌氧处理前为提高污水的可生物降解性，增加整个处理系统的稳定性，一般都要经过沉淀、贮存和酸化调节的工序，因而要在厌氧处理工艺前建造集水池和调节池以完成上述处理工序。

目前，应用于养殖场粪污处理中的厌氧处理工艺很多，其中主要的和比较常见的有以下几种：① 上流式厌氧污泥床（UASB）。其基本原理是形成沉降性良好的污泥凝絮，使固相、液相和气相得到分离。UASB 在建造上通常采用混凝土、碳钢、拼装制罐多种技术。其处理效果好，有机物去除最高，工程投资根据不同的技术和材料差别很大。② 升流式污泥床反应器（USR）。其采用升流式的进水方式，加大固体停留时间，减少水力停留时间。USR 在建造上通常采用搪瓷拼装和钢砼结构等技术。其处理效果好，工艺简单，工程投资较大。③ 厌氧滤池（AF）。其是在反应器内填充多种类型的固体填料，如炉渣、瓷环、卵石等来处理废水。其操作费用较低，但填料费用较高，易堵塞，运行启动期长。目前国内规模化养殖场主要采用 USR 和 UASB 作为养殖场粪水处理的核心工艺。

当前，世界上很多国家广泛使用厌氧发酵的方法来处理畜牧粪污，并在处理过程中获得清洁能源沼气，同时通过对其副产物沼渣的再加工制成生物活性肥料。畜牧粪便经厌氧发酵后，所产生的沼气和沼渣等可作为活动的原料、肥料和能源等进行综合化的再利用。沼气的综合利用，能保护自然资源，加速物质循环与能量转化，发展无废料、无公害农业，为农业创造良好的生态环境。

厌氧发酵所产生的沼气，是一种优质的气体燃料，其主要含 60%左右的 CH_4 和 40%左右的 CO_2。目前沼气的主要利用方式是农村居民用作取暖、烧火和做饭。同时沼气有其他综合性的利用，例如，将沼气通入蔬菜大棚燃烧，可以进行气体施肥；利用沼气贮粮防虫、贮藏水果保鲜等。目前随着我国能源需求的扩大，利用沼气发电，供应电能的运用也在逐步兴起，并带来一定的经济效益。

3.3.3 好氧处理

好氧处理一般作为厌氧发酵处理的后续处理方法。好氧处理工艺主要依靠好氧菌和兼性厌氧菌的生化作用完成处理过程。通过好氧处理，可去除废水中的氮、磷和有机质等，在与厌氧处理方式的结合下，一般能使养殖场污水处理达到中水的标准，可供农业灌溉进行再利用，其处理后清理出来的污泥可以作为堆肥的原料制成有机肥。

好氧处理的方法也是多种多样，主要有曝气生物氧化塘、序批式活性污泥法（SBR）、氧化沟、生物转盘和生物流化床等。目前在实践中较为常用的是前三种。即：① 曝气生物氧化塘。其利用机械供氧曝气，在经过生物氧化塘进行生物消化处理，具有投资低、经济实用、处理费用低的特点。但同时其占地面积过大，在土地紧缺的地方难以推广。② 序批式活性污泥法（SBR）。序批式活性污泥法在运行中采用间歇式的形式，一批一批地处理污水，故此得名。整个工艺过程由进水、曝气、沉淀、排水和闲置组成，依次在一个反应池中周期性地运转。其具有工艺流程简单、投资较省、占地少、管理方便、出水水质好等特点，这种方法在我国畜牧污水处理中已经得到了较为广泛的应用。③ 氧化沟工艺。在有些畜牧养殖场没有足够的土地和池塘容积，气味控制又比较严格的地方，畜牧粪污的处理采用氧化沟的工艺方法。氧化沟为椭圆封闭的沟渠，污水和活性污泥混合液在其中循环流动，曝气机安装在氧化沟上进行连续曝气。因而其具有运行费用高、占地面积少和设计要求较高的特点。

3.3.4　堆肥处理

堆肥是好氧发酵处理畜牧粪便的方法。其原理是利用好氧微生物（主要有细菌、放线菌、真菌及原生动物等）将粪便中的复杂有机物分解为稳定的腐殖土，这类腐殖土含约 25% 的生物体，而且还会慢慢分解。腐熟后的堆肥物料不再具有臭味，复杂有机物也被降解为易被植物吸收的简单化合物，成为高效的有机肥料。堆肥作为传统的生物处理发酵技术，经过多年的改良，现在正朝着机械化和商品化的方向发展。堆肥化处理是目前国内外采用最多的固体粪便净化处理方法。堆肥的原料主要采用养殖场清理出来的固体粪便和厌氧处理及好氧处理排除的沼渣和污泥，并添加一些氮素材料（作物秸秆和锯末等）和发酵催化原料（如腐殖酸）。

堆肥化处理有两种形式：① 制成初级有机肥，即固体粪便、沼渣和污泥经过无害化处理后，经过简单加工处理后，制成初级有机肥，然后供市场销售或自用；② 制成成品有机肥，即采用生物发酵技术，利用专用加工设备，将粪便和沼渣等制成有机肥。本研究仅考虑制成初级有机肥的形式。制作初级有机肥又可根据原料的不同分为固体粪便直接制作有机肥和沼渣（和污泥）制作有机肥两种方式。

堆肥法相对一些地方采用的干燥处理方法具有省燃料、成本低、发酵产物生物活性强等特点。同时粪便处理过程中养分损失少，且可以去臭、灭菌。最终产物臭气少，质地干燥，易包装和撒施。因而堆肥方法已经成为养殖场处理干粪和沼渣最为常用和经济有效的处理方法（国家环保总局自然生态司，2002）。

3.4 当前我国养殖废弃物处理与利用存在的问题

从本书前面一些章节的讨论中可以看出，畜牧业在发展过程中由于饲养方式、经营方式和区域布局均发生了重大的变化，逐步形成了规模化和城郊化的发展趋势，大量畜牧粪便在局部地区集中产生，给当地生态环境带来了极大的威胁。与此同时，由于认识、技术、经济和管理等方面的原因，这些大量而集中的畜牧粪便得不到妥善的处理和利用，相当一部分"资源"变为"污染源"，对生态环境造成了极大的威胁。畜牧粪便的处理方式不当不仅会造成环境污染和生态破坏，而且是对资源的巨大浪费。而同时由于我国发展规模化养殖的时间不长，经验不足，认识欠缺，面对多种多样的处理与利用方式和纷繁复杂的技术工艺，往往无从选择或者盲目采用，造成资金的浪费和环境效益不高等不良后果。

在"建设大型、集中式畜牧养殖场，走规模化养殖道路已成为我国畜牧养殖业发展的必然方向"（中华人民共和国环境保护部，2009）的背景下，畜牧养殖废弃物处理和利用的问题将会日益突出和严重，因而及时分析和总结在畜牧养殖废弃物处理和利用当中存在的问题，找出切实有效的解决方案在当前已显得尤为迫切和重要。

3.4.1 总体处理率低

20 世纪 80 年代之前，我国农村普遍采用"小沼气"的方式来处理以集体或家庭为单位的畜牧养殖废弃物，所产生的沼气供家庭炊事使用，沼渣和沼液就地还田，基本不存在对环境的污染问题。而自改革开放以来，我国各地逐渐出现了大量的集约化、规模化的畜牧养殖场。其产生的畜牧废物大量集中于局部地区，使得养殖场周围田地无法完全消纳。同时养殖场大都又缺乏足够能力来进行畜牧粪便污染治理的投资，使得畜牧粪污直接排放，造成了严重的环境污染问题（吴燕、张文阳、庞艳，2009）。据原环境保护总局 2000 年在全国 23 个省市开展的"全国规模化畜禽养殖业污染情况调查及防治对策"的调查显示，80%的规模化养殖场缺少必要的污染治理措施及投资，同时全国 90%以上的规模化养殖场没有经过环境审批和环境影响评价。我国当前能采用污水处理设备的畜禽养殖场很少，大量养殖专业户通常采用简易的沉淀池将液态粪水直接排到沟渠中，仅将少量固体粪肥用于还田施用（张维理等，2004）。杨国义等（2005）对广东省 3 209 家养殖企业的调查显示建有污水处理设施的养殖企业仅占 6.8%；其余 93.2%的养殖企业没有建设任何污水处理设施。而建有污水处理设施的企业处理效果也大多达不到规定标准，普遍存在废水处理设施数量少和处理工艺落后的状况，污水处理率仅有 35%。王宇波等（2009）在 2008 年对武汉周边 59 家猪场的调查中发现每年约有 77.24%的粪尿得不到利用，将近 56.73 万 t 猪粪尿不经过处理直接排入周边自然环境。总体来看，目前我国养殖废弃物处理和利用水平都比较低，不仅会造成了较大的环境污染和生态破坏，而且是对资源的巨大浪费。

3.4.2　处理方式单一

当前，养殖废弃物的处理有多种可以采取的方式，然而由于我国规模化养殖时间不长，很多养殖户缺乏经验、资金短缺，对粪便养分及其价值也缺乏足够清楚的认识，往往难以综合化利用多种方式进行养殖废弃物的处理。在很多地方，养殖户对粪肥的还田施用量缺乏科学的认识，往往将自家动物粪肥在未经任何处理的情况下全部施用于自家耕地，造成有机粪肥施用过量，带来一定的环境污染。虽然有机肥具有增加土壤养分、增强土壤微生物活性和改善作物品质等作用，但是越来越多的研究已经表明，大量长期施用有机肥对大气、土壤和水体等会造成潜在的威胁和危害。目前我国一些大量过多施用有机肥的地方已经发生硝酸氮（$NO_3\text{-}N$）污染和由磷（P）元素非点源径流损失造成的环境污染（姚丽贤、周修冲，2005）。通常有机肥的施用是基于作物氮（N）元素的需求而计算的，而有机肥含有的 N/P 值一般小于作物对 N、P 的需求比例，所以极易导致 P 元素在土壤中的累积，出现 P 元素非点源污染。

畜牧粪污的综合处理方法和技术还没有引起人们的足够重视。很多养殖场虽然已经建立了相应的废弃物处理和利用设施，但往往由于技术所限只注重单一的能源回收或肥料加工，不能兼顾环境的综合治理和资源的综合开发利用。同时，由于资金所限，很多养殖场的各项废弃物处理和资源化设施是逐步发展起来的，缺乏处理设施建设整体规划，缺乏整体的规划和各个子系统之间有效的耦合，使得处理设施不能很好地发挥综合性的作用，效益较差。农业部（2000）编制的《大中型畜牧养殖场能源环境工程建设规划》对部分大中型沼气工程（如上海星火农场、沈阳马三家养殖和杭州西子养殖场等的沼气工程）进行了经济效益的测算表明，采用综合化利用的沼气工程均取得了良好的经济效益，而没有进行综合化利用的沼气工程在经济上则是不可行的。单一的处理与利用方式和单一技术已不能有效解决规模化畜牧养殖环境污染问题，需要综合考虑能源与资源的最大限度的利用。

3.4.3 资源化程度低

中国工程院院士左铁镛（2005）认为"废弃物不过是放错了地方的资源"。废弃物的处理和利用不过是"硬币的两面"，废弃物的处理是为了合理有效地利用这些资源，使其资源化是最好的废弃物处理的途径。然而在我国的现实社会情况中，由于畜牧废弃物的数量大且品质差特点，人们对其价值认识还存在一些错误和消极的观念，对畜牧废弃物资源化的重视程度不够，阻碍了畜牧废弃物资源化和生物质能利用技术的推广和应用（相俊红、胡伟，2006）。

目前，我国规模化养殖场废弃物资源化利用方式主要有肥料化和燃料化两个方面，即利用厌氧反应池来产生沼气和沼渣综合利用以及对固体粪便进行堆肥化处理来生产有机肥。这两种方式在我国农村得到了一定程度的推广，但某些地区由于畜牧养殖场周边没有足够的土地来来消纳沼液、沼渣和有机肥，沼气也常常得不到充分的使用，造成资源得不到充分的利用，再次排放到周边环境中，形成二次污染（中华人民共和国环境保护部，2009）。

畜牧粪污还田作肥料被认为是传统而经济有效的而且对环境不造成污染的养殖废弃物处置方法。但是，由于我国土地制度的制约，绝大多数规模化养殖场没有足够配套的耕地以消纳其产生的大量集中的畜牧粪便，农牧脱节严重（王凯军，

2004；国家环保总局自然生态司，2002）。由于未经发酵处理的畜牧粪便含水量大且恶臭严重，处理、运输和还田施用既不方便也不卫生，加上种养分离，畜牧粪便因此很难作为肥料还田产生足够的经济效益。

从原始农业开始农业就使用有机粪肥，但近几年来才将畜牧粪便制作成有机肥并作为商品开始在市场上进行销售。然而由于大部分有机粪肥生产厂家生产规模小，产品质量参差不齐，标准不一，"有机肥市场基本处于低价低质恶性竞争状态"（张翠绵等，2004）。有机肥与化肥的配施效果已逐步为人们所认识，但是目前我国有机肥生产企业技术大多不完善、不规范，低水平生产企业比重较大，绝大多数生产企业规模偏小，产能严重偏低，缺少规模效益而盈利困难，有机肥行业还远远没有能够健康平稳地发展起来（刘洪涛等，2010）。

在燃料化利用制成沼气化方面，我国禽畜场沼气工程技术从 80 年代以来日益完善，目前我国养殖场中采用沼气工程的数量逐步增多，但从总体上讲我国规模化养殖场推广建设大中型沼气工程的比例还很少（林斌，2009）。王宇波等（2009）在 2008 年对武汉周边 59 家沼气推广初见成效的规模型养殖企业调查中发现，在猪、禽类和奶牛养殖企业中沼气技术的推广率分别为 60%、37% 和 12%，同时在这些企业中反映发展沼气资金不足、技术不成熟和效益不高的业主分别占 33%、15% 和 13%，受这些因素的影响，沼气技术的进一步推广的后劲不足，进展较为缓慢。

当前，我国沼气的利用方式依然是以替代薪柴和原煤直接燃烧为主，使得沼气的经济价值大为降低，影响了养殖场建设沼气工程的积极性。另外，目前我国的沼气发电上网的基础设施不完善，至今国家没有相关政策支持小规模沼气发电上网等。目前仅有 1% 左右的沼气工程利用沼气发电，而沼气发电多为自用（炊事、照明和取暖等），并且多是间断性发电，不能满负荷的运行，使得沼气发电的经济效益不能充分体现出来（中国可再生能源规模化发展项目办公室，2008）。绝大多数养殖场沼气工程的年产沼气量在十几万立方米到几十万立方米之间。沼气发电站装机仅为几十千瓦到几百千瓦（颜丽、曾有为，2005）。由于小规模的电力上网，会给电力公司带来一系列的运行、安全和负荷匹配等方面的成本和管理问题，通常电力公司难以接受沼气工程发电上网。

3.4.4 技术适用性差

畜牧粪便处理与利用的目的就是将其无害化、减量化和资源化，最大限度地满足环境的可接受性及技术的适用性（黄宏坤，2002）。然而由于整体科技实力的差距，我国废弃物资源化的技术水平和设备性能与发达国家相比仍存在一定的差距。随着规模化养殖造成的环境问题的出现，20 世纪 80 年代后期国内外才开始关注并研究畜牧养殖场的粪污处理技术（王凯军，2004）。长久以来，我国原有的传统技术，包括源于中国的沼气发酵技术，都没有获得显著的大的发展，农村沼气工程设计、沼渣和沼液的利用以及堆肥中的氮素损失等问题一直没有得到有效的解决，例如中国沼气工程的池容产气率只有德国的 1/3～1/2。欧美发达国家在堆肥发酵工艺、技术和设备上日趋完善，达到了规模化和产业化水平，但是其先进的堆肥设施在国内由于运行成本太高，而不能得到适应性的应用（孙振钧、孙永明，2006）。

为急于解决粪污的处理和利用问题，很多养殖场通过引进国外成套设备来解决。然而，由于国情的差异，国外的很多技术设备在国内并不适用。例如，我国目前很多养殖场广泛采用的引进国外的"猪舍水冲清粪"工艺，虽然一定程度上节约了（我国并不缺乏的）劳动力，但其耗水量很大，排出的粪尿和污水混在一起，粪便中的大部分可溶性有机物进入到废水给后续的废水处理带来更大的困难。而我国大部分养殖场的粪便收集方式仍以水冲式为主，干清粪方式普及率不高（中华人民共和国环境保护部，2009）。

同时，目前的养殖场粪污处理技术和工艺大多是从工业废弃物和生活废弃物处理技术中移植借鉴而来，处理工艺种类繁多，技术效率和经济效益差别很大。面对种类繁多的处理工艺，养殖场业主以及政府管理者等非废水处理专业人士也往往无所适从（邓良伟等，2008）。很多养殖场为应付环保检查的需要，盲目引进和投资，没有全面地进行技术经济和环境效果评价，结果造成投资和运营成本过高或者处理效果不理想。

3.4.5 政策管理滞后

（1）农业政策与环境政策相脱节

在养殖业环境污染防治问题上，我国已经陆续出台了一些法规和管理规范，形成了较为完备的管理政策体系，如《畜禽养殖污染防治管理办法》《畜禽养殖业污染物排放标准》和《畜禽养殖业污染防治技术规范》等，对畜禽养殖场的建设、废弃物堆放、处理和排放等都做出了相应的规定。然而，目前在畜禽养殖环境管理的政策制定和执行上，不同部门之间各自为政，缺乏协调，目标分离，脱节严重。"畜牧业发展一直是农业部门的政策目标，各级农业部门都将畜禽养殖业的发展当做实现农业结构调整、实现农业经济增长的重点加以鼓励，而环境保护不是其核心职能，因此在其政策中没有充分体现畜禽养殖业污染的防治内容"（王凯军，2004）。而目前的养殖业环境污染的政策大多由环保部门做出，长期以来其工作内容重点在于工业和城市污染的治理，对畜禽养殖污染的管理相对还比较薄弱，因而在制度规则上原则性规定较多，较少考虑与农业其他系统（如种植业）之间的关系，因而在一些涉及废弃物处理和利用的政策规定上显得比较粗放，可操作性不强。例如，目前还没有相关的法规和标准对于养殖承载力、粪便还田的施用量以及还田时间做出明确而具体的规定。由于土壤对有机粪肥的消纳量是有限度的，农作物在生长发育过程中对养分的需求也有所不同，因此应对粪便的施用量和施用时间有所限制。国外的畜禽养殖粪便处理大都根据各自国家不同地区的土壤类型和种植结构，具体规定了相对应的饲养规模。德国、丹麦、法国、英国等国家为了防止粪便过量施用污染环境，颁布了相关的粪便还田的具体规定，以限制粪便的施用量和施用时期，规定应根据当地土壤性质、肥力状况、水文和气候条件，制定该地区具体的畜禽粪便施用方法、施用量、施用次数和施用时期，以达到在种植业与养殖业之间的氮磷等养分的平衡。而我国的《畜禽养殖污染防治管理办法》中仅提出要根据畜禽养殖场本场区土地对畜牧粪便的消纳能力来确定养殖场的养殖规模，没有具体地规定不同的地区和不同的土壤类型的畜禽粪便容纳量以及粪便使用的方法和时间，对粪肥的还田利用缺乏必要的指导。

（2）立法层次较低，执行力弱

目前的有关畜牧养殖废弃物处理的管理规范都只是部门法规和行业标准，还没有上升到法律的高度，威慑性有限，养殖场和相关废弃物利用企业自觉遵守的较少，在实践中广泛存在有法不依和执法不严的现象。《有机肥料》（NY 525—2012）专门对发酵有机肥进行了行业规范。但农业生产中普遍施用各种非商品化有机粪肥，这些有机粪肥来源广泛、复杂且难以管理和控制，缺乏必要的行业管理和质量监测。同时目前法规大多制定的标准较低，难以起到真正的约束作用。如《畜禽养殖业污染物排放标准》中规定排水 COD≤400 mg/L、氨氮≤80 mg/L 即为达到标准。这个排放标准的排水水质比一般城镇污水处理厂进水水质还要差很多，而德国对应标准为 COD≤170 mg/L。显然这样的标准难以促进养殖场污水的无害化处理，即使如此在多数情况下该标准也未得到严格执行（苏杨，2006）。同时，在基层的环境管理中，由于环境部门和农业部门在畜牧业发展目标和环境管理上的政策脱节，环境部门对农业和农村的环境管理缺乏相应的职能和手段。同时，由于目前排污费征收标准较低，对一些中小型养殖企业来说排污费标准相对于处理成本来说仍然偏低，无法真正起到"惩罚"和"限制"的功能。我国城郊和农村地区的环境监管还比较薄弱，很难控制偷排漏排，处罚力度低，许多畜牧养殖场宁可象征性缴纳排污费也不愿意再投资进行废弃物的综合利用。

（3）废弃物处理和利用的政策支持力度低

由于畜牧养殖是微利行业，而养殖废弃物的处理和利用需要相当大的投资，养殖经营者通常难以承受。目前对于环境工程技术、物质再利用技术和减量化技术的采用还缺少足够的政策支持。而发达对环保技术的采用和环保设施的采用均给予一定的经济资助和政策支持。例如，英国和丹麦为使粪肥安全越冬分别承担农民建造贮粪设施费用的 50%和 40%，在日本养殖场环保处理设施的建设 50%的投资由国家财政补贴，25%由都道府补贴，而农民只支付 25%的建设费和运行费用。

在废弃物的资源化利用上，我国政府近年来逐步开始重视农村可再生能源的开发和建设，但与国外资源化利用比较成熟的国家相比我国对于在政策支持上力度仍显偏低。例如，沼气工程属于废弃物资源化综合利用的较好选择，其社会环境效益较经济效益更为明显的项目，但我国目前还没有明确的针对性的鼓励养殖场发展中小型沼气工程的投资政策。虽然国家在税收方面给予了一定的优惠政策（现在对沼气工程按 13%的优惠税率征收，低于基本的 17%的税率）。但对于这类初始投资较大的经济效益不明显的工程项目，仍然难以起到足够的激励作用。在沼气发电上网方面，一些国家给予了优惠的沼气发电入网政策，使得沼气发电上技术得到普及。例如，德国1990年出台的《电力并网法》和2000年出台的《可再生能源优先法》等一系列鼓励沼气发电上网的优惠政策，为广大农庄建设沼气工程并通过发电上网增加收入创造了良好的政策环境。通过相关法律规定，电力运营商有义务接纳在其供电范围内生产的可再生能源电力，并相应给予偿付。德国政府颁布新的法规更加支持小型的和以农场为基础的沼气发电工程，这使小型农场沼气发电上网更具吸引力。2004年，德国国会对《可再生能源优先法》进行了修订，除了上网电价实行优惠政策外，装机容量低于70 kW的沼气工程还可以得到15 000欧元的补助以及低息贷款。在这样的政策支持下，许多农场主纷纷建造沼气工程，"发电盈利"成为畜牧废弃物资源化的重要动力（邓良伟等，2008）。而目前中国对于沼气发电上网特别是畜牧养殖废弃物沼气工程发电上网没有额外补贴。就规定的上网电价而言，沼气工程要想通过发电上网盈利非常困难，沼气工程对养殖场业主投资还没有足够的吸引力（邓良伟、陈子爱、龚建军，2008）。同时，现在沼气发电的成本要高于常规火力发电或水力发电成本，如果没有优惠政策和财政补贴措施的支持，电力公司难以接受以高于常规电价收购沼气工程的发电。

同时，我国目前在废弃物的处理和利用的技术研究上的政策支持力度也尚显薄弱。《国家环境科技发展"十五"计划纲要》指出，与发达国家相比我国环境科技投入严重不足，难以支持迫切的环境科技需求，严重影响了环境科技的发展和对环境保护的支持作用。目前，我国的环境技术研究和技术研究投入重点还是在城市污染处理技术和工业污染技术的研究投入上，对于农业环境污染的研究较少，主要是土壤的修复和化肥农药污染问题解决方法的研究。对于禽畜渔养殖业污染控制技术的研究和投入才刚刚起步。我国的污染处理、资源综合利用技术与国外先进技术相比，总体上效率低、成本高并且系统性差，大型成套设备主要依赖进口，国内环保产业的发展落后于环境治理对先进环保产品的需求。需要继续发展具有自主知识产权的污染控制、资源化高新技术和农业面源污染治理技术等相关技术。

3.5　本章小结

本章基于我国畜牧养殖业及规模化畜牧养殖的发展情况，分析其带来的环境危害，并对当前养殖废弃物处理和利用当中存在的问题进行了较为深入的分析和探讨，得出以下几点结论：① 我国畜牧业仍处于快速发展过程中，由于饲养方式、经营方式和区域布局均发生了重大的变化，逐步形成了规模化和城郊化的发展趋势，大量畜牧粪便在局部地区集中产生，已经给当地生态环境带来了极大的威胁。② 目前我国养殖废弃物处理和利用总体水平都比较低，不仅造成了较大的环境污染和生态破坏，而且是对资源的巨大浪费。③ 目前的养殖废弃物处理方式单一、粗放。单一的处理与利用方式和单一技术已不能有效解决规模化畜牧养殖环境污染问题，需要综合考虑其肥料化和能源化的利用方式。④ 对畜牧废弃物资源化的重视程度不够，阻碍了畜牧废弃物资源化和生物质能利用技术的推广和应用。⑤ 没有全面地进行技术经济和环境效果评价，废弃物处理和利用技术落后，组合不合理，适用性差。⑥ 目前对于规模化废弃物处理和利用的管理和支持还比较薄弱，农业政策与环境政策相脱节、立法层次较低、执行力弱，且废弃物处理和利用的政策支持力度低。

我国每年畜牧粪便产生量巨大，如果得不到合理有效的处理将会给当地水体、土壤和大气等环境以及人畜健康带来很大的危害。在建设大型、集约化畜牧养殖场，走规模化养殖道路已成为我国畜牧养殖业发展的必然方向的背景下，畜牧养殖废弃物处理和利用的问题将会日益突出和严重。因而研究在畜牧业规模化养殖过程中养殖废弃物是怎样得到合理处理和利用，以及在废弃物处理过程中相应技术如何选择的问题，使得养殖废弃物得到充分的资源化利用，得到最大化的收益，同时对生态和环境的影响最小，在当前显得尤为迫切和重要。

4 规模化养殖废弃物处理与利用的现状和问题：以 BND 村为例的微观考察

本研究第 3 章从宏观的角度，探讨了我国规模化养殖业的发展状况及其带来的环境危害，并在此基础上分析了我国当前在养殖废弃物处理和利用过程中在管理、技术和政策等方面存在的问题。为进一步深入探讨这些问题存在的内在机理，本章将拉近研究的视角，从微观的角度，以 BND 村生猪规模化养殖为案例进行案例分析，探究其治理规模化养殖污染和进行废弃物处理和利用方面的管理实践，研究其内在的技术、经济与环境问题之间的互动关系，为后续的模拟研究提供更为现实的基础。

4.1　BND 村的基本情况

BND 村位于北京市顺义区，该地区属于平原宜农牧地区。该区地貌类型为洪冲积平原，由温榆河洪冲积而成。地形平坦，主要土壤类型为褐潮土，其次是砂姜潮土、壤质潮土。热量资源比较丰富，年平均气温大于 11.5℃，大于 0℃积温为 4 600℃，水热资源较丰富。热量资源可以满足二年三熟制的需要，部分地区可基本满足一年两熟制的种植需要，但不够稳定。年平均降水量 600 mm 左右。以玉米、蔬菜种植为主，单产为中等水平（霍亚贞等，1989）。

2008 年 BND 村全村有农户 520 户，本地居民 1 520 人，人均纯收入达到 1.5 万元。全村农业土地面积 268.53 hm²，其中 66.67 hm² 为种养结合的生态养殖园区，其余为苗木基地、果园、林地和玉米试验田等。近年来，BND 村依靠地处北京这个国际大都市城郊的地理优势，充分利用自身的区位优势和土地资源发展都市型现代农业，已经形成了颇具特色的养猪产业和园林植物生产体系，同时以此为依托逐步向外延伸产业链条，发展以食用农产品加工为主的特色产业，相继建起了年屠宰商品猪 100 万头规模的市级定点屠宰厂、50 万 t 规模的面粉厂、1 000 万穗规模的糯玉米食品厂和食用农产品配送中心。

4.2 规模化养殖的环境影响

BND 村从 1994 年起就大力发展规模化养殖业，并逐步取代了种植业在农业中的主体地位，成为支柱产业之一，并带动了相关绿色农产品产业的发展，BND 村因此被誉为"京郊养猪第一村"。BND 村养猪业已成为该村农业中的主导产业，近三年来，母猪存栏量已超过 3 000 头，年均出栏生猪超过 50 000 头。BND 村规模化养殖业的发展，带来可观的经济利益的同时，也给当地生态环境带来了很大的威胁。

（1）对土壤环境的影响

根据中德合作"中国农业、养殖业和城镇有机废弃物的资源化"课题组 2009年 4 月的取样调查，发现距 BND 村种猪场两条三年前已停止使用的废水沟 1～2 m 处的耕地 0～20 cm 表层土壤中有效磷的含量高达 444.2 mg/kg 和 84.5 mg/kg，20～50 cm 土层深度的土壤中有效磷的含量则分别达到 31.4 mg/kg 和 166.1 mg/kg，均大大超过警戒值。畜牧粪便中含有大量的氮磷化合物、重金属和病原菌微生物。如果有足够的土地容纳，其中的氮磷成分会成为植物优质的营养源。如果过量施用或堆放处理方式不当，含氮化合物会分解形成亚硝酸盐，给土壤造成危害，降低土壤的生产价值。而磷化合物大多富集在土壤的表层，并具有累积效应，容易造成作物的倒伏和疯长等。现有研究表明，表层土壤有效磷水平大于 20 mg/kg 时，能满足作物对磷素的营养需求，而不需要使用磷肥；而当土壤中有效磷水平大于60 mg/kg 时，会威胁到水环境安全（Hesketh & Brookes，2000）。同时，有研究表明土壤中过量的重金属容易被植物的根系吸收而向籽实迁移，然后进入食物链，对人畜健康构成了威胁（Pence et al.，2000）。

（2）对水环境的影响

根据张晓军等人（2007）的测定，BND 种猪场粪便污水的 COD_{Cr} 和氨氮浓度分别达到 7 396～13 361 mg/L 和 730～797 mg/L（张晓军、史殿林、闻世常等，

2007)，均远高于国家规定的畜牧养殖业污染物排放标准（$COD_{Cr} \leqslant 400$ mg/L、氨氮 $\leqslant 80$ mg/L）。规模化的养殖方式需要大量的生产性用水，用于冲洗圈舍、动物饮用等。如果粪便得不到及时的处理，也常会伴随着污水通过地表径流而侵蚀并污染地表或地下水。猪场粪便污水中生物需氧量（COD_{Cr}）一般在 13 000～20 000 mg/L（张元碧，2003），年产一万头商品猪（按 6 个月出栏计）每天排泄物的排泄量相当于 5 万人的化学需氧量 BOD 值（单计光等，2003）。此外，由于畜牧粪便中富含氮磷有机物，假若这些污水不经过处理直接排放，也极易造成周边水体富营养化。

（3）对空气质量的影响

根据中国农科院农业环境与可持续发展研究所在 2004 年对 BND 种猪场的测定，每头育肥猪饲养期间的氨气排放通量为 107.18～424.42 mg/h，其中 1 月舍内氨气的平均浓度达到 10.09～4.60 mg/m^3，这样的浓度对人畜健康有一定危害（朱志平等，2006）。畜牧排泄物在无氧条件下，大量未发酵的营养物质会发酵产生氨气、粪臭素等有毒有害气体，其中对空气质量影响最大的是氨气。氨气是一种有毒气体，氨气进入呼吸系统后，可引起畜牧咳嗽，上呼吸道黏膜充血，分泌物增加，甚至引起肺部出血和炎症。氨气排出舍外，不仅污染大气环境，由于氮的沉降还可能引起土壤和水体酸化。

4.3　畜牧废弃物处理与资源化利用方式

为减轻和控制规模化养猪业发展所带来的环境污染，改善农村生活环境和农业生态环境，保证规模化养猪业的可持续发展，BND 村采取了一系列的污染治理和环境保护的措施，建立了相应的"生态环能工程"对养殖废弃物进行集中处理并加以综合化利用，取得了一定的效果。

4.3.1　管理措施

（1）园区化的集约饲养

2000 年之前，BND 村养殖户在自家庭院养猪，人畜混居，猪粪便未经任何处理随意堆放，污水直接排到村内沟渠，给村民生活环境带来了极大的危害。养猪业带动了经济的发展，但规模的扩大也给环境带来巨大压力。为改善村内环境，村集体从可持续发展的角度出发，于 2000 年通过规划论证，在离居民点较远(500 m)，交通较为便利，而又与耕地直接邻近的区域建立了种养结合的养殖园区，并逐步配备建立了防疫站、人工授精站、饲料加工厂等相关设施。生态养殖园区共占地 66.67 hm²，其中农田面积 26.67 hm²，猪舍栏位净占地面积 12 hm²。猪舍内建贮粪池，猪舍前种植玉米、白菜等作物。农户自家猪粪肥可以作为有机粪肥直接还田施用。养殖园区的建立，既避免了养殖给居民生活和农村环境带来的直接危害，环境污染得到了集中化的治理，节约了治理费用和管理成本，同时也使得有机肥的施用更为便利，配套设施的集中供给也提供了园区自身经营的经济性。

（2）资源化的废物利用

BND 村从引入和实施污染治理和环境保护技术出发，逐步提升治污理念，走上了实行农牧结合、开展资源利用和发展循环经济的道路。BND 村在 2002—2006 年共投资近 700 多万元分三期建立了猪场污水处理沼气工程及输配气系统，目前沼气工程每天可处理 4 m³ 固体粪便和 200 m³ 污水，完全可满足处理养殖场的粪便和污水处理需要，并能够每天可生产 700 m³ 的沼气供村民作为生活燃料使用。在养殖区内建有沼气池用于贮存粪便，在作物生长需要期直接施用于猪舍前的耕地，真正实现"种养结合"。2007 年又投资 120 万元建立有机肥场，利用沼渣及多余粪便进行堆肥化加工处理，制成符合国家标准的有机肥料并进行市场化销售。经过十多年的发展，BND 村已逐步建立起以生态养殖为基础，以环能工程（沼气场）为纽带，生物资源和农业资源循环利用，实现养殖业与种植业、苗木种养以及居民生活耦合的生态良性循环生产体系（图 4.1）。

4.3.2 技术措施

为有效解决养猪废弃物问题，在有关科研机构和政府部门的帮助与支持下，BND 村引进了多种生物处理技术和工程技术来处理猪场粪便。养殖场废弃物处理和利用的工艺技术流程如图 4.2 所示。

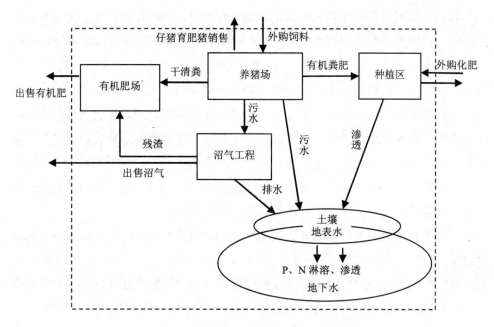

图 4.1 BND 养殖业废弃物处理和利用物质循环

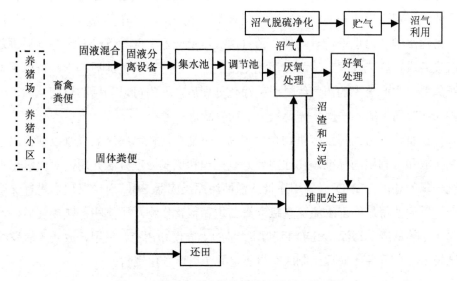

图 4.2 养殖场废弃物处理和利用的工艺流程

养猪场利用农业部工程研究院的科技攻关项目"规模养猪场粪水治理技术"来治理粪便污水。在粪便的收集上，养猪场采用"干清粪"工艺。粪便一经产生，便得到分流，可保持猪舍内清洁，减少氨气的挥发，减少猪舍及周围的恶臭气味。同时，产生的污水相对较少、浓度低、易于净化处理。干粪直接分离，养分损失小，肥料价值高，可以直接用于还田，也可以经过堆肥处理制作成高效的生物活性有机肥，进行市场化销售。而目前一些养殖场广泛采用的水冲式和水泡粪清粪工艺，其产生的污水处理工程的投资和运行费用比采用干清粪工艺大一倍（国家环保总局自然生态司，2002），而且排出的污水和粪尿混在一起，给后续处理带来很大的困难，固液分离后的干物质肥料价值也大大降低。

从养殖场排出的粪污还需要经过格栅和振动筛阻拦和清除掉粪污中较大的悬浮固体。粪水流到集水池进行沉淀，再次清理出其中的固体成分，同时搅拌电机使粪水质地均匀，再采用污水提升泵输送到调节池进行酸化处理。由于畜牧等废水的特殊性，其废水中纤维含量较高，可通过酸化过程的作用将复杂的有机物分解为简单的有机物，以减轻厌氧发酵的有机负荷，提高厌氧消化速率。

经过酸化和搅匀后的废水将进入厌氧消化器进行厌氧发酵处理。沼气工程采用升流式污泥床反应器（USR）进行厌氧发酵生产沼气。在反应器内完成消化反应、污泥浓缩和出水澄清等功能。沼气由厌氧反应器上部导管经气水分离后进入脱硫设备进行脱硫处理。沼渣和污泥则由下部导管经自然沉淀后排出，可以用做堆肥原料。生产出来的沼气经过脱硫净化处理后，即为可以利用的沼气，由于沼气供需在时间上的不平衡，需要较大的贮气罐进行贮存。

由于畜牧养殖的污水有机物含量较高，可能单纯依靠厌氧处理难以使得出水达到排放和再利用的标准，往往需要好氧处理和厌氧处理方法并用，对厌氧出水做进一步的处理。BND 村采用序批式活性污泥反应器 SBR 对厌氧出水进行深度处理，以便使得最终出水能够直接灌溉苗木和粮食作物。厌氧和好氧处理后，均产生一定的沼渣及污泥。BND 村利用少量的干粪便和沼渣，采用开放式厌氧发酵堆肥技术进行无害化处理，制成有机肥，并予以市场化销售。

4.3.3　取得的效果

BND 采取的综合化的废弃物处理与资源化利用措施极大地减轻了规模化养

殖给居民生活和农村环境带来的直接危害，使当地环境得到了很大的改善。直接还田、沼气化处理和有机肥堆肥等措施手段的综合运用，减少了粪便的集中化大量堆积，既保证了猪舍内外的整洁，也避免了对土壤的侵蚀和对水体的污染。粪便及时的收集和处理也减少了氨气等有害成分的挥发，空气质量得到了改善。根据 2009 年 4 月至 8 月本研究课题组在 BND 村开展的试验测定显示，育肥猪猪舍内的舍内氨氮（NH_4^+-N）浓度平均为 1.0 mg/m^3，舍外氨氮浓度平均为 0.1 mg/m^3，基本不会对人畜健康产生危害。

　　同时，该村的粪便集中化处理并加以资源化利用的措施也产生了一定的经济效益。近年来，沼气工程每年生产沼气约 26 万 m^3，为村民在薪柴和电能花费上节约了的大量开支。其中使用沼气做饭烧水，全村每年可以节煤 780 t，减少二氧化碳排放 2 000 余 t，减少二氧化硫排放约 6.63 t，减少氮氧化物排放约 5.8 t。生态养殖园区集中化的经营与运作，使得养殖粪污得到了集中化的治理，节约了治理费用。农户开展糯玉米等绿色食品的种植，有机肥的使用取代了化肥的使用，既节约了成本，也提高了产品的市场价值。农户对有机肥的施用节省了化肥上的花费，施肥较原来更为便利，减少了运输成本。同时有机肥厂每年生产成品有机肥 112.5 t，也增加了一定的经济收入。

4.4　存在的问题与成因

　　BND 集中化的猪粪便处理和资源化利用方式取得了较好的成效，取得了良好的环境效益和经济效益，但是由于多种因素的影响，仍然还存在着一定的问题。

4.4.1　存在的问题

　　通过本研究所依托的课题组在 BND 养猪场所作的调查和实地测量，发现目前 BND 规模化养殖所带来的环境污染仍然部分地存在，对环境的威胁仍然没有很好地消除，废弃物资源化利用设施也没有得到最大化的经济利用，经济效益也不够显著。

　　（1）废弃物带来的环境污染仍然存在

　　根据作者所在的"中国农业废弃物的循环与利用"课题组 2009 年 3 月至 6

月在 BND 村所作的实地测量，发现长期使用猪粪肥的粮田 0～20 cm 表层土壤中有效磷的含量平均为 64.4 mg/kg，菜地为 161.6 mg/kg，这说明当地不少耕地有机肥施用过量，导致了磷素在土壤中的累积，出现了磷素的非点源污染。同时，发现土壤中铜（Cu）平均含量为 50.0 mg/kg，超过警戒值 40.0 mg/kg（土壤背景值 35.0 mg/kg）；钙（Ca）平均含量为 1.4 mg/kg，超过警戒值 1.0 mg/kg（土壤背景值 0.2 mg/kg），锌（Zn）平均含量为 120.0 mg/kg 超过土壤背景值 100.0 mg/kg，但未达警戒值 250.0 mg/kg。以上数据显示，当地对有机肥的施用已经超出了合理的范围，给土壤和地下水造成潜在的威胁。同时，课题组对周边沟渠水体污染程度的测量也发展，水体的 COD_{Cr} 浓度达到 1 500～1 800 mg/L，也远大于国家排放标准。

（2）废弃物处理的经济效益不明显

目前，BND 对养殖废弃物的利用除大量还田外，主要是用来生产沼气。由于沼气产量有限，售价也不可能太高，每年依靠沼气出售收入不足 26 万元，除去成本，基本处于亏损状态，每年都需要村集体投入运营资金加以弥补。同时，有机肥生产近乎停滞，2008 年仅生产并销售有机肥 250 t，销售收入不足 8 万元。只有养殖园区内的耕地利用了有机粪肥，区外不少农民认为猪粪肥效不如化肥而不愿使用猪粪，其他田块仍然使用尿素、复合肥等化肥，增加了不少化肥的花费。

4.4.2 主要原因分析

根据作者在 BND 村的调查发现，造成目前环境效益和经济效益不够显著的原因主要有以下几个方面。

（1）部分田块粪肥还田施用过量

目前对于畜牧粪便处理的主要出路是作为粪肥还田，许多畜牧业发达国家将农田作为畜牧粪便的负载场所，并规定规模化养殖场的建设必须有一定的消纳土地或处理设施才能得到批准（王方浩等，2006）。按照王方浩等（2006）提出的估算方法，结合近年来 BND 生猪出栏量及耕地量，本研究可以估算出 BND 养猪所产生的粪便总量及当地耕地的承载能力（表 4.1）。

表 4.1 BND 村集约化养猪粪便产生量及耕地承载能力

	实际产生量/t	耕地承载能力/t		还田限值
		农业用地	作物种植用地	
粪便量	52 735	6 000	1 200	30～45 t/hm^2（李国学，1999）
其中：总氮含量（TN）	125.51	24.00	4.8	150～180 kgN/hm^2（朱兆良，2000）
总磷含量（TP）	39.02	4.67	0.933	35 kgP/hm^2（Oenema O, et al., 2004）

注：a. BND 村生猪出栏量按近年来平均 5 万头的数目估计；b. BND 村现有大田耕地面积 133.33 hm^2，其中 26.67 hm^2 完全用于作物种植，其他耕地用于苗木、果树种植等，使用其他来源的肥料；c. 承载能力计算中均采用还田限值中的最大值。

由表 4.1 可以看出，该村规模化养殖条件下的粪便产生量远远大于耕地承载能力。而 BND 村却有近乎一半的养殖固体粪肥予以还田处理。当地不少农民认为，粪肥肥效不够，粪肥使用越多，其带来的作物产量越高，经济效益越好，同时就地还田处理也是一种比较方便的处理方式，盲目过量施肥的现象非常严重。由于农民仅仅知道畜牧粪便含有作物生长需要的养分物质，然而对其适宜施用量却缺乏科学的认识，往往将自家动物粪肥在未经任何处理的情况下全部施用于自家耕地。而有机肥如果过量施用或堆放处理方式不当，会造成氮素、磷素和重金属的过量累积而给土壤和地下水造成危害。有机肥含有的 N/P 值一般小于作物对 N、P 的需求比例，所以极易造成 P 素在土壤中的累积，容易造成作物的倒伏和疯长等。

（2）废弃物没有充分资源化利用

在养殖园区，大量施用养殖粪肥的同时，养殖园区周边的种植户和从事果树苗木生产的农场，由于粪肥不便运输和经济上的考虑，大多采用化肥作为主要肥料，很少使用养殖场的养殖粪肥。BND 沼气工程与果园正好毗邻，然而由于其分属不同的经济主体，其间没有相应的管道连接，各自管理人员在粪肥利用价值认识上也存在较大的差异，导致粪肥在果园和苗木种植园均没有得到相应的应用。同时由于过分的粪肥还田和过于注重沼气的生产，使得有机肥生产原料减少，有机肥生产几乎处于停滞状态。同时，当地管理人员认为污水处理需要耗费大量的电能，而对污水只进行部分地厌氧消化处理，仍有大部分污水直接排放到周边沟渠，不但浪费了污水的资源化可能得到的收益，而且给周边水土带来了很大的污染。

（3）技术选择和利用不合理

由于 BND 村的各项废弃物处理和资源化设施是逐步发展起来的，在处理和利用设施的采用上缺乏整体的规划，在各个处理环节之间缺乏有效的整合，设备没有得到充分的利用，在技术选择上也缺乏系统化性的考虑。目前该村沼气工程的设计能力完全满足同时处理养猪场粪便污水处理能力的需要，同时其运行还需要补充一定的水量以提高其发酵效率。养殖场为了降低好氧处理的成本，仍将一些污水直接排放到附近的沟渠，给周边水域的地表水带来一定程度的水体污染。同时，为了降低处理成本，BND 村虽然"象征性地"投资建设了好氧处理设备，但由于 SBR 运行成本过大而很少投入使用，厌氧处理后的排水直接流到好氧池中进行沉淀，而没有进行曝气再处理，虽然节省了处理成本，但排出的废水达不到国家标准，给周边水土环境仍然带来了环境威胁。而在有机肥的生产上，由于长期着重沼气的生产和技术的改进而对有机肥的生产和利用一直比较忽视，加上自身经营管理和加工技术水平低下，缺乏必备的技术能力，产品销路又不畅，有机肥的生产长期达不到必要的品质要求和生产能力，设备闲置严重，经济效益十分低下。

4.5 本章小结

治理规模化畜牧养殖废弃物污染，开展有机废弃物的资源化利用，是解决我国畜牧业环境污染问题的主要路径。本章以北京市顺义区 BND 村为范例，考察了规模化养猪废弃物对环境可能造成的影响，分析了畜牧废弃物处理措施与资源化利用的主要方式及其效果和存在的问题及其成因。BND 村在治理规模化养猪污染和进行废弃物资源化方面的实践，为我国更有效地实施规模化畜牧养殖业的环境管理提供了一些可供参考的经验，例如实施园区化的养殖环境管理，采用以现代生物技术和工程技术为支撑的废弃物处理措施，开展以生产有机肥料和生物燃料为主的废弃物资源化综合利用和建立生态农牧系统等。但是由于多种因素的影响，仍然还存在着一定的问题，例如粪肥还田施用过量，处理方式没有得到合理的优化选择，技术选择和利用仍不合理，良性循环的生态农牧系统没有得到进一步完善和废弃物处理和利用的经济效益和环境效益仍不显著等。这些问题需要做进一步的研究分析予以解决。

5 基于生态经济模型的BND村规模化养殖废弃物处理的优化研究

本研究第 3 章从宏观角度，分析了目前规模化养殖废弃物处理方式、利用方式、资源化利用状况、技术采用情况和政策管理等方面存在的问题，为本章模型的建立和结果的分析提供一个宏观的现实背景。第 4 章以 BND 村规模化畜牧养殖为案例，分析探讨了其废弃物处理措施与资源化利用的主要方式及其经验、效果和存在的问题，为本章构建模型进行优化分析提供了更为具体的现实基础。本章将在此基础上，根据第 2 章所介绍的有关"农业生态经济模型"的构建方法和应用特点，以 BND 现实中实际发生的工艺流程为依据，建立一个规范（norm），构建"BND 村生猪养殖及废弃物处理的生态经济模型"（BND Ecological-economic Model，简称 BEM 模型），以此来考察在现实静态情景下，废弃物处理和利用的优化选择问题。

5.1 BND 农业生态经济模型的构建

基于农业生态经济学理论、物质平衡理论、生产经济学理论和外部性理论，本章将在按照一般农业生态经济模型的框架，同时结合 BND 生猪养殖和废弃物处理的实际情况，构建"BND 村生猪养殖及废弃物处理的生态经济模型"即 BEM 模型。该模型将是一个基于生产者理性选择的经济学模型、基于工艺流程的生物物理模型和基于土壤养分循环的生态模型"连接"起来的一个整合的农业生态经济模型。

5.1.1　模型结构

基于 Pacini 等（2004）所提出的基于农业环境计划的农业生态经济模型和多投入多产出的生产优化理论，本章以生猪生产为主体的规模化养殖场的生产特征为出发点，构建规模化养殖场养殖及废弃物处理的农业生态经济模型。

设生产过程的生产可能集 T 为如下形式：

$$T = \left\{ (x, y; s) \,\middle|\, x \in R_+^n, y \in R_+^m, \sum_{i=1}^{N} \lambda_i x_i \leqslant x, \sum_{i=1}^{N} \lambda_i y_i \geqslant y, \lambda_i \geqslant 0 \right\} \tag{5.1}$$

其中，$x_i \in R_+^n$，$y_i \in R_+^m$，$(0,0) \notin \tilde{T}_0$，$x_i \neq 0$，$i = 1, 2, \cdots, N$。s 是表示生物和非生物因素的向量，其定义了生产条件。

养殖场养殖及其废弃物处理的总收益可由如下数学规划模型（PM_3）确定：

$$\pi(x_i, y_i, z_i, b_i)$$

$$= \max_{X_i, Y_i, Z_i, B_i} \left\{ \sum_i^l \left[p^T y_i - w' x_i \right] - c \right\} \tag{5.2}$$

$$\text{s.t.} \quad \forall i \quad G_i(z_i, y_i, x_i; s) \leqslant 0 \tag{5.3}$$

$$\forall i \quad \sum b_i \leqslant \bar{b} \tag{5.4}$$

$$\forall i \quad \sum z_i \leqslant \bar{z} \tag{5.5}$$

$$T(x) = \left\{ y \,\middle|\, (x, y; s) \in T \right\} \tag{5.6}$$

$$x \in X \subseteq R_+^n \tag{5.7}$$

$$y \in Y \subseteq R_+^n \tag{5.8}$$

式中，$T(\cdot)$ 函数、$G(\cdot)$ 函数 —— 生产与污染函数；

p —— 产出价格向量；

w —— 输入变量的价格向量；

c —— 固定的输入（投入）成本。

生产条件 s 很大程度上依存于其所处地理位置。本研究由于研究地域的局限性，对空间变量不予考虑。农业生产对环境的最终影响 z 可以用函数式 $G_i(z_i, y_i, x_i; s)$ 来表示。不同输出的生产过程依赖于共同的农场的输入供给，可以用向量 b 表示这些输入供给的存量。

该模型通过输入变化来对每个输出进行修改和调整。在该模型中，在同一技术路径上（或工艺流程）只有一种常规的（或既定的）技术。规划模型调整输入变化和中间变量规划出最佳的技术路径，从而选择最佳的技术优的资源配置，但不涉及某一已知技术路径上的技术选择。

5.1.2 基本假设

基于农业生态经济学基本理论、生产学经济学理论、物质平衡理论和外部性理论和农业生态经济模型的建模需要，本研究提出以下基本假定。

假设（1）：生产者行为"理性假设"。农场生产和经营者在既定的生产资源和技术条件限制下，通过合理配置自己的资源，利用适当的技术，追求总体收益的最大化。

假设（2）：信息充分假设。农场生产和经营者对于农场的生产现状、生产条件以及技术与环境之间的联系等信息十分清楚。

假设（3）：完全市场假设。农场生产和经营者面对的产品市场和要素市场都是完全竞争市场，其接受既定的市场价格。在一定的市场和政策条件下，要素价格和产品价格均不变，农场生产和经营者根据自身的生产条件和资源状况决定要素使用和产品输出。

假设（4）：不考虑风险。短期不考虑市场风险和政策风险对农场生产和经营者的决策带来的影响。

假设（5）：环境容量限制。在一定的地理环境、土壤生态和种植结构条件下，当地生态环境对粪便和污水的承载有一定的限制。本章假设污水都得到处理达到"零排放"（处理后的废水排放达到农业灌溉要求），粪便的还田以作物对氮的最大需求为标准，即氮盈余假设为零。

假设（6）：养分价值限制。假设还田中，氮和磷的用量超过作物需求标准后，其带来的经济价值为零，且给环境带来威胁。在达到限值前，养分的经济价值随着其施用量的增加而增加。

假设（7）：技术既定。从短期来看，农场的生产条件既定，各生产流程可选择的技术工艺既定，不考虑新技术的替代。同时，假设所采取的技术组合能够达到本节所要求的环保水平，即环境容量限制。

5.1.3　模型结构与模块划分

本研究建立的"BND 村生猪养殖及废弃物处理的生态经济模型"（BEM 模型）是一个包含养殖系统和养殖废弃物处理系统的数学规划模型。该模型包括 259 个基本函数式，根据计算功能的不同和生产工艺的划分，模型可为主计算模块、生猪饲养模块和废弃物处理利用的模块（包含固液分离模块、还田模块、集水池模块、调节池模块、厌氧处理模块、净化脱硫模块、贮气柜模块、沼气利用模块、好氧处理模块和堆肥模块）。主计算模块在结构上主要由 4 部分组成：① 目标函数（max Z）。以 BND 生猪养殖收益及废弃物处理各个工艺环节的收益之和的最大值为目标。② 目标变量。BEM 模型既包含生猪养殖中的决策变量，如母猪存栏数、仔猪购买量和仔猪出售量等，也包含养殖废弃物处理各环节的决策变量，如用于还田的动物粪便的量、用于生产沼气的动物粪便的量和用于生产有机肥的动物粪便的量等。③ 约束条件。约束条件包括资源约束，如种植面积约束和养殖占地面积约束等，技术条件约束，如厌氧消化器容积和有机肥生产量等，以及其他社会经济条件约束，如人口数和沼气使用量等。④ 外生变量。包括各种生产要素价格（如各种饲料价格、劳动力价格、资本品价格和各种原材料价格等）、产品价格（如生猪价格、仔猪价格、有机肥售价、沼气价格等）以及其他社会经济变量（如家庭数和人口数等）。

生猪饲养模块根据规模化生猪养殖的特点，利用生长函数、成本收益函数以及相关的技术设计函数对生猪生产系统进行模型化的刻画，反映了生猪繁育节律、物质流动与循环和资金的支出与收入等情况。

废弃物处理利用的各个生产阶段（工艺流程）根据其功能特点和工艺特征，分为固液分离、还田、集水池、调节池、厌氧处理、净化脱硫、贮气柜、好氧处理和堆肥等 9 个模块。在目前的规模化养殖条件下，一般采用综合化的粪污处理方式。

5.1.4　模型方程式构成

基于前面章节的模型基本假设和模型结构及模块的划分，本节主要是利用数学语言来表达 BEM 模型，来描述该模型的计算系统。整个模型分为主计算模块

（具体函数设置参见 5.1.4.1 节）、生猪饲养模块（具体函数设置参见 5.1.4.2 节）、固液分离模块（具体函数设置参见 5.1.4.3 节）、还田模块（具体函数设置参见 5.1.4.4 节）、集水池模块（具体函数设置参见 5.1.4.5 节）、调节池模块（具体函数设置参见 5.1.4.6 节）、厌氧处理模块（具体函数设置参见 5.1.4.7 节）、净化脱硫模块（具体函数设置参见 5.1.4.8 节）、贮气模块（具体函数设置参见 5.1.4.9 节）、沼气利用模块（具体函数设置参见 5.1.4.10 节）、好氧处理模块（具体函数设置参见 5.1.4.11 节）和堆肥模块（具体函数设置参见 5.1.4.12 节）等 12 个计算模块。其中主计算模块是 BEM 模型的核心部分，其描述了模型的计算目标、主要约束和优化结果，并通过函数关系将其他各个模块连接起来。其他模块则分别表述刻画了在该生产阶段（或工艺阶段）各种活动之间的关系（通过技术系数或输入输出系数进行连接），以及这些活动之间与模型目标之间的关系。现就对各个模块所运用的主要函数方程式简要介绍如下。

5.1.4.1 主计算模块

（1）目标函数

模型以各个生产阶段（工艺流程）的净利润之和最大化为目标，即

$$\max Z = \sum_{a=1}^{n} Z_a \tag{5.9}$$

式中，Z —— 农场当年总利润；

Z_a —— 某个生产阶段或生产活动的净利润；

$a = 1, 2, \cdots, n$，分别表示生猪饲养阶段、固液分离阶段、还田阶段、集水池阶段、调节池阶段、厌氧处理阶段、净化脱硫阶段、贮气阶段、沼气利用阶段、好氧处理阶段和堆肥阶段。

（2）约束函数

考虑到资源、需求和技术等方面的限制，模型的约束条件包括资源约束（资金和土地等固定投入）、需求约束以及设备的技术设计约束等方面，列举如下：

还田土地面积限制：

$$S_{\text{symj}} \leqslant S_{\text{blztd}} \tag{5.10}$$

式中，S_{symj} —— 粪便还田面积；

　　　S_{blztd} —— BND 种植业需要施肥的土地面积。

沼气需求限制：

$$V_{zqcs} \leqslant POP \times v_{rj} \times 365 \tag{5.11}$$

式中，V_{zqcs} —— 每年生产出来的沼气出售给民用的量；

　　　POP —— 村庄使用沼气人口数；

　　　v_{rj} —— 每天人均沼气使用量。

环境要求约束：

$$W_{还田i} \leqslant W_{\max还田i} \tag{5.12}$$

式中，$W_{还田i}$ —— 以粪肥总量、氮或磷的量换算的可以还田粪便的总量，决策变量；

　　　i —— 粪肥、氮或磷；

　　　$W_{\max还田i}$ —— 以粪肥总量、氮或磷的还田标准（限制）换算的可以还田的粪便的最大值。

$$V_{污水产量年} \leqslant V_{污水处理量年} \tag{5.13}$$

式中，$V_{污水产量年}$ —— 养殖生产每年的污水总产量；

　　　$V_{污水处理量年}$ —— 废弃物利用和处理工艺和技术设备每年的污水处理能力。

财务约束：

$$d_{负债} \leqslant MD_{负债} \tag{5.14}$$

式中，$d_{负债}$ —— 养殖场负债比率；

　　　$MD_{负债}$ —— 允许最大负债比例。

技术设计约束：

$$V_{厌氧消化器} \geqslant \max(V_{污水日} \times 10, \ V_{沼气日}) \tag{5.15}$$

式中，$V_{厌氧消化器}$ —— 厌氧消化器的容积；

　　　$V_{沼气日}$ —— 每日生产的沼气体积；

$V_{污水日}$ —— 厌氧消化单元每日处理的污水体积。

5.1.4.2 生猪饲养模块

生猪饲养模块是根据生猪养殖的经济和生物性特点又可以分为成本收益、猪群结构、栏位计算、繁殖与生长、饲料消耗、粪便及污水日产量和氮磷的循环等7个子模块。其中主要函数表达式如下所示。

（1）成本收益

生猪养殖利润：

$$Z_{养殖} = R_{养殖} - C_{养殖} \tag{5.16}$$

式中，$Z_{养殖}$ —— 生猪养殖总利润；

  $R_{养殖}$ —— 生猪养殖出售获得的总收入；

  $C_{养殖}$ —— 生猪养殖投入总成本。

生猪养殖收入：

$$R_{养殖} = Q_{出栏育肥猪} \times P_{售育肥猪} \times W_{t售育肥猪} + Q_{出栏仔猪} \times P_{售仔猪} \times W_{t售仔猪} \tag{5.17}$$

式中，$Q_{出栏育肥猪}$ —— 每年出栏销售的育肥猪数量；

  $P_{售育肥猪}$ —— 出售的育肥猪价格，为市场变量；

  $W_{t售育肥猪}$ —— 出售的育肥猪体重；

  $Q_{出栏仔猪}$ —— 每年出售仔猪数量；

  $P_{售仔猪}$ —— 出售仔猪价格；

  $W_{t售仔猪}$ —— 出售仔猪体重。

养殖成本：

$$C_{养殖} = C_{饲料} + C_{母猪摊销} + C_{死亡损失} + C_{猪场资产折旧} + C_{猪场资金成本} + C_{猪场维修费}$$
$$+ C_{猪场地租} + C_{猪场水电} + C_{猪场医疗防疫} + C_{猪场人工} + C_{饲料运加杂} + C_{种公猪摊销} + C_{仔猪购买} \tag{5.18}$$

式中，$C_{养殖}$ —— 养猪场运营总成本；

  $C_{饲料}$ —— 饲料成本；

  $C_{母猪摊销}$ —— 母猪摊销成本；

$C_{死亡损失}$ —— 猪的死亡损失；

$C_{猪场资产折旧}$ —— 固定资产折旧；

$C_{猪场资金成本}$ —— 猪场资金使用成本；

$C_{猪场维修费}$ —— 猪场设备维修费；

$C_{猪场地租}$ —— 猪场地租成本；

$C_{猪场水电}$ —— 猪场水电费；

$C_{猪场医疗防疫}$ —— 猪场医疗防疫成本；

$C_{猪场人工}$ —— 人工成本，包括家庭用工成本和雇工费用；

$C_{饲料运加杂}$ —— 猪场养殖所需饲料的运费、加工费及其他杂费；

$C_{种公猪摊销}$ —— 种公猪的推销成本；

$C_{仔猪购买}$ —— 猪场仔猪购买花费。

（2）猪群结构

猪群结构按照猪的性别和日龄等因素可以分为：能繁母猪、仔猪、育肥猪、后备母猪和种公猪等。其中仔猪可以通过养殖场自己繁育，也可以通过市场购买；养猪场饲养的仔猪饲养到一定阶段后，可能出售，也可能进行转栏育肥后再行出售。

自繁仔猪：

$$Q_{自产仔猪} = Q_{能繁母猪} \times \beta_{母猪产子成活率} \tag{5.19}$$

式中，$Q_{能繁母猪}$ —— 每年能够繁育的母猪数量；

$\beta_{母猪产子成活率}$ —— 母猪产子成活率，即每头母猪产仔的成活数。

仔猪转栏育肥量：

$$Q_{转栏育肥} = Q_{自产仔猪} - Q_{仔猪出栏} \tag{5.20}$$

式中，$Q_{转栏育肥}$ —— 对仔猪进行育肥，暂时不进行销售的数量；

$Q_{仔猪出栏}$ —— 仔猪出栏进行销售的数量。

育肥猪：

$$Q_{育肥出栏} = Q_{转栏育肥} + Q_{购买仔猪} \tag{5.21}$$

式中，$Q_{育肥出栏}$ —— 育肥猪出栏销售数量；

$Q_{购买仔猪}$ —— 购买仔猪进行育肥的数量。

后备母猪：

$$Q_{后备母猪}=Q_{能繁母猪}\times\beta_{母猪年更新率} \tag{5.22}$$

式中，$Q_{后备母猪}$ —— 后备母猪每年在栏数；

$\beta_{母猪年更新率}$ —— 母猪年更新率。

种公猪：

$$Q_{种公猪}=(Q_{能繁母猪}+Q_{后备母猪})\times\beta_{公母比例} \tag{5.23}$$

式中，$Q_{种公猪}$ —— 种公猪在栏数；

$\beta_{公母比例}$ —— 种公猪与母猪的配比。

（3）栏位计算

根据猪的繁殖节律、不同猪种在不同生长和生理阶段所占栏位及其占地面积，分别进行相应的栏位计算，如下所示。

育肥猪猪舍：

$$S_{育肥猪}=Q_{育肥出栏}\times(T_{育肥存栏}/365)\times\beta_{育肥猪栏位设计} \tag{5.24}$$

式中，$S_{育肥猪}$ —— 育肥猪栏位占地面积；

$T_{育肥存栏}$ —— 育肥猪在栏时间；

$\beta_{育肥猪栏位设计}$ —— 育肥猪栏位设计参数。

能繁母猪猪舍：

$$S_{能繁母猪}=Q_{能繁母猪}\times[(T_{待配}/T_{繁殖周期})\times\beta_{待配母猪栏位设计}$$
$$+(T_{妊娠}/T_{繁殖周期})\times\beta_{妊娠母猪栏位设计}+(T_{哺乳}/T_{繁殖周期})\times\beta_{哺乳母猪栏位设计}]$$
$$\tag{5.25}$$

式中，$T_{待配}$ —— 等待配种的能繁母猪在栏时间；

$T_{繁殖周期}$ —— 能繁母猪等待配种时间、妊娠时间和哺乳时间的总和；

$\beta_{待配母猪栏位设计}$ —— 等待配种的能繁母猪栏位设计参数；

$T_{妊娠}$ —— 能繁母猪妊娠期间在栏时间；

$\beta_{妊娠母猪栏位设计}$ —— 妊娠母猪栏位设计参数；

$T_{哺乳}$ —— 能繁母猪分娩哺乳在栏时间；

$\beta_{哺乳母猪栏位设计}$ —— 分娩哺乳的能繁母猪栏位设计参数；

$T_{繁殖周期} = T_{待配} + T_{妊娠} + T_{哺乳}$。

后备母猪猪舍：

$$S_{后备母猪} = Q_{后备母猪} \times (T_{后备母猪在栏} / 365) \times \beta_{后备母猪栏位设计} \tag{5.26}$$

式中，$T_{后备母猪在栏}$ —— 后备母猪妊娠期间在栏时间；

$\beta_{后备母猪栏位设计}$ —— 后备母猪栏位设计参数。

保育猪舍：

仔猪从分娩舍转入保育舍，一般采取原窝转群，一窝占一个栏位，与哺乳母猪栏位数相同。

$$S_{保育仔猪} = Q_{能繁母猪} \times (T_{仔猪在栏} / T_{繁殖周期}) \times \beta_{仔猪栏位设计} \tag{5.27}$$

式中，$T_{仔猪在栏}$ —— 保育仔猪在栏时间；

$\beta_{仔猪栏位设计}$ —— 保育仔猪栏位设计参数。

种公猪猪舍：

$$S_{种公猪} = Q_{种公猪} \times \beta_{种公猪栏位设计} \tag{5.28}$$

式中，$\beta_{种公猪栏位设计}$ —— 种公猪栏位设计参数，种公猪在栏时间以一年计算，其在栏数即存栏数。

猪舍总栏位面积：

$$S_{猪舍栏位} = S_{育肥猪} + S_{能繁母猪} + S_{后备母猪} + S_{保育仔猪} + S_{种公猪} \tag{5.29}$$

式中，$S_{猪舍栏位}$ —— 养猪场猪舍总栏位占地面积。

（4）繁殖与生长

本部分根据特定种类的猪的繁殖和生长的生物学特性，引入生物学模型描述猪群的内部的繁殖、生长和采食情况。根据母猪繁殖节律①，可以计算母猪年产仔数和存活数等。

母猪年均产仔数：

$$Q_{年产仔} = Q_{胎产仔} \times M_{胎数} \tag{5.30}$$

$$M_{胎数} = \frac{365}{T_{妊娠} + T_{泌乳} + T_{非生产}} \tag{5.31}$$

式中，$Q_{胎产仔}$——每胎产仔数量；

$M_{胎数}$——每年平均胎数；

$T_{妊娠}$——妊娠时间；

$T_{泌乳}$——泌乳时间；

$T_{非生产}$——非生产（空闲）时间。

自产仔猪总存活数：

$$Q_{存活} = Q_{母猪} \times Q_{年产仔} \times \left(1 - \alpha_{死亡}\right) \tag{5.32}$$

式中，$Q_{存活}$——每年存活的自产仔猪数量；

$\alpha_{死亡}$——死亡数相对产仔数量的比率。

本研究定义体重大于 20 kg 的为育肥猪，即 47 日龄左右转入育肥车间到出栏这一阶段的中大猪。根据杨立彬等（2004）的研究，可以通过以下函数式模拟猪的生长日龄与体重之间的关系以及体重与采食量之间的关系。

育肥猪体重与生长天数间的关系：

$$W_t^{育肥} = R_1 \times T_{Wt}^{R_2} \tag{5.33}$$

式中，W_t——T_{Wt} 日龄时的体重；

R_1、R_2——生长系数，由猪的品种而定。

育肥猪消化能采食量与体重间的关系：

$$\text{FE}_t^{育肥} = \alpha_{tn1} \times W_t^{\alpha_{tn2}} \tag{5.34}$$

---

① 节律行为：生物随着地球、太阳或月亮的周期性变化而逐渐形成的周期性、有节律的行为就是节律行为。

式中，$FE_t^{育肥}$ —— 每日消化能采食量，kcal/d；

W_t —— 育肥猪体重，kg；

α_{tn1} 和 α_{tn2} —— 体重与消化能之间的关系系数，由猪的品种而定。

育肥猪采食重量与消化能采食量间的关系：

$$FW_t^{育肥} \times \left(1 - \beta_{浪费}\right)\left(\sum_{i=1}^{n} \alpha_{Wf_i} \alpha_{Gf_i} e_{Ef_i}\right) \geqslant FE_t^{育肥} \tag{5.35}$$

式中，i —— 饲料种类，$i=1，2，3，\cdots，n$；

$FW_t^{育肥}$ —— 每日采食重量，以保证每天消化能需要量；

$FE_t^{育肥}$ —— 猪的每日消化能需要量；

$\beta_{浪费}$ —— 饲料浪费率；

α_{Gf_i} —— 第 i 种饲料中干物质（DM）的比重；

e_{Ef_i} —— 第 i 种饲料所含消化能在干物质中所占的比重；

α_{Wf_i} —— 第 i 种饲料在每日采食量中所占的比重（重量上的比例）。

（5）饲料消耗

本模块根据养猪场不同种群的生长及采食特征，分别计算其饲料消耗的重量、成本及各种不同种类饲料的重量。下面以母猪和育肥猪的饲料消耗量及成本为例进行简要说明。仔猪饲料消耗及成本、后备母猪饲料消耗及成本和种公猪饲料消耗及成本以此类推分别计算。

母猪一年饲料消耗量：

$$TFW^{母猪} = \sum_{t=1}^{3} T_{mt} Q_{mt} = \left[\left(T_{妊娠1} + T_{非生产} - 5\right) \times Q_{m1} + T_{妊娠2} \times Q_{m2} + \left(T_{泌乳} + 5\right) \times Q_{m3}\right]$$
$$\times \frac{365}{T_{妊娠} + T_{泌乳} + T_{非生产}}$$

$$\tag{5.36}$$

式中，t —— 母猪饲养的各阶段，$t=1，2，3$；

$TFW^{母猪}$ —— 母猪年采食量；

T_{mt} —— 各饲养阶段的天数；

Q_{mt} —— 各阶段的日采食量。

母猪一年内消耗的各种饲料的重量：

$$\text{TFW}_i^{母猪} = \sum_{t=1}^{l} T_{mt} Q_{mt} \alpha_{mti} \times \frac{365}{T_{妊娠} + T_{泌乳} + T_{非生产}} \quad (5.37)$$

式中，i——饲料种类；

α_{mti}——第 t 阶段第 i 种饲料在采食量中所占的比重，每阶段的饲料配比不同。

母猪一年饲料消耗成本：

$$C_{母猪饲料} = \sum_{i=1}^{n} (\sum_{t=1}^{l} T_{mt} Q_{mt} \alpha_{mti}) \ P_i \times \frac{365}{T_{妊娠} + T_{泌乳} + T_{非生产}} \quad (5.38)$$

式中，$C_{母猪饲料}$——一个饲养周期（一年）内母猪的喂养成本；

P_i——第 i 种饲料的价格。

育肥猪生长周期内饲料消耗总量：

$$\text{TFW}^{育肥} = Q_{y1}^{总} + Q_{y2}^{总} = \sum_{t_1=48}^{105} \text{FW}_t^{育肥} + \sum_{t_2=106}^{T_{出售}} \text{FW}_t^{育肥} \quad (5.39)$$

式中，$\text{FW}_t^{育肥}$——育肥猪在每日采食重量；

$Q_{yi}^{总}$——各阶段的总采食量，$i=1$，2。

育肥猪饲养分两个阶段，每阶段的饲料配比不同，第一阶段 T_{y1}，也就是当 $W_t \leqslant 60 \, \text{kg}$，即生长日龄小于等于 105 天时；第二阶段 T_{y2}，当 $W_t > 60 \, \text{kg}$ 时，也就是生长日龄大于等于 106 天时。

育肥猪消耗生长周期内的各种饲料的重量：

$$\text{TFW}_i^{育肥} = (\sum_{t_1=48}^{105} \text{FW}_t^{育肥}) \times \alpha_{y1i} + (\sum_{t_2=106}^{T_{出售}} \text{FW}_t^{育肥}) \times \alpha_{y2i} \quad (5.40)$$

式中，α_{y1i}——育肥猪在第一阶段 i 饲料占饲料比重；

α_{y2i}——育肥猪在第二阶段 i 饲料占饲料比重。

育肥猪生长周期内饲料消耗成本：

$$C_{育肥饲料} = \sum_{t=1}^{l} T_{yt} Q_{yt} \left(\sum_{i=1}^{n} P_i \alpha_{yti} \right) \quad (5.41)$$

式中，$C_{育肥饲料}$——一头育肥猪的饲料喂养成本；

P_i——第 i 种饲料的价格。

（6）粪便及污水产量

养殖场每日排泄物中干物质[①]（dry material，DM）总量：

$$\mathrm{DM}_{日排泄} = W_{固粪日收集} \times (1-\beta_{固粪含水率}) + W_{尿日收集} \times (1-\beta_{猪尿含水率}) \qquad (5.42)$$

式中，$\mathrm{DM}_{日排泄}$ —— 每日排泄物中干物质的含量；

$\quad W_{固粪日收集}$ —— 每天收集的固体粪便的量；

$\quad W_{尿日收集}$ —— 每日猪尿产量；

$\quad \beta_{固粪含水率}$ —— 固体粪便含水率；

$\quad \beta_{猪尿含水率}$ —— 猪尿含水率。

污水日产量：

$$V_{污水年} = Q_{存栏} \times \beta_{日均粪水产量} \times 365 \qquad (5.43)$$

式中，$V_{污水年}$ —— 养殖场每年产生的污水总量；

$\quad \beta_{日均粪水产量}$ —— 每头猪日均污水产量；

$\quad Q_{存栏}$ —— 每年的平均存栏数。

固体粪便的流向：

固体粪便有三种流向（处理方式）：① 沼气化生产；② 制作有机肥；③ 还田。

$$W_{固粪年} = W_{固粪沼气化年} + W_{固粪有机肥化年} + W_{固粪还田年} \qquad (5.44)$$

式中：$W_{固粪沼气化年}$ —— 每年用于沼气化生产的固体粪便重量，设：

$$W_{固粪沼气化年} = \alpha_{沼气化/固粪} \times W_{固粪年}$$

$\quad W_{固粪有机肥化年}$ —— 每年用于有机肥生产的固体粪便重量，设：

$$W_{固粪有机肥化年} = \alpha_{有机肥/固粪} \times W_{固粪年}$$

$\quad W_{固粪还田年}$ —— 每年用于还田产的固体粪便重量，设：

$$W_{固粪还田年} = \alpha_{还田/固粪} \times W_{固粪年} \qquad (5.45)$$

$$\alpha_{沼气化/固粪} + \alpha_{有机肥/固粪} + \alpha_{还田/固粪} = 1 \qquad (5.46)$$

---

① 干物质是饲料学、营养学和植物生理学中的专业术语，指有机体在 60～90℃的恒温下，充分干燥后余下的有机物的重量，是衡量植物有机物积累和营养成分多寡的一个指标。

$$\alpha_{沼气化/固粪},\ \alpha_{有机肥/固粪},\ \alpha_{还田/固粪} \geqslant 0$$

（7）氮磷循环

本部分着重计算来源于饲料中的氮（N）磷（P）的量和通过猪群粪便排泄的氮和磷的量。根据猪群不同类型分别计算，下面以母猪和育肥猪为例简要介绍如下：

一年内母猪所消耗的饲料中的 N 含量：

$$\text{FodN}_{母猪} = Q_{母猪}\left(\sum_{i=1}^{n}(\text{TFW}_i^{母猪}\alpha_{\text{N}i})\right) \tag{5.47}$$

式中，$\text{FodN}_{母猪}$ —— 一年内母猪所消耗的饲料中的 N 含量；

$\alpha_{\text{N}i}$ —— 第 i 种饲料中的 N 含量。

一年内母猪所消耗的饲料中的 P 含量：

$$\text{FodP}_{母猪} = Q_{母猪}\left(\sum_{i=1}^{n}(\text{TFW}_i^{母猪}\alpha_{\text{P}i})\right) \tag{5.48}$$

式中，$\alpha_{\text{P}i}$ —— 第 i 种饲料中的 P 含量。

母猪通过固体粪便排出的 N：

$$\text{ExN}_{母猪固粪} = \text{FodN}_{母猪} \times \beta_{母猪固粪\text{N}/摄入\text{N}} \tag{5.49}$$

式中，$\text{ExN}_{母猪固粪}$ —— 母猪通过固体粪便排出的 N 的量；

$\beta_{母猪固粪\text{N}/摄入\text{N}}$ —— 母猪通过固体粪便排出的 N 占摄入量的比例。

母猪通过尿液排出的 N：

$$\text{ExN}_{母猪尿} = \text{FodN}_{母猪} \times \beta_{母猪尿\text{N}/摄入\text{N}} \tag{5.50}$$

式中，$\text{ExN}_{母猪尿}$ —— 母猪通过猪尿排出的 N 的量；

$\beta_{母猪尿\text{N}/摄入\text{N}}$ —— 母猪通过猪尿排泄的 N 占摄入量的比例。

母猪通过固体粪便排出的 P：

$$\text{ExP}_{母猪固粪} = \text{FodP}_{母猪} \times \beta_{母猪固粪\text{P}/摄入\text{P}} \tag{5.51}$$

式中，$\text{ExP}_{母猪固粪}$ —— 母猪通过固体粪便排出的 P 的量；

$\beta_{母猪固粪P/摄入P}$ —— 母猪通过固体粪便排泄的 P 占摄入量的比例。

母猪通过尿液排出的 P：

$$ExP_{母猪尿} = FodP_{母猪} \times \beta_{母猪尿P/摄入P} \tag{5.52}$$

式中，$ExP_{母猪尿}$ —— 母猪通过猪尿排出的 P 的量；

$\beta_{母猪尿P/摄入P}$ —— 母猪通过猪尿排泄的 P 占摄入量的比例。

一年内育肥猪所消耗的饲料中的 N 含量：

$$FodN_{育肥猪} = Q_{出栏育肥猪} \left(\sum_{i=1}^{n} (TFW_i^{育肥} \alpha_{Ni}) \right) \tag{5.53}$$

式中，$FodN_{育肥猪}$ —— 一年内育肥猪所消耗的饲料中的 N 含量。

一年内育肥猪所消耗的饲料中的 P 含量：

$$FodP_{育肥猪} = Q_{出栏育肥猪} \left(\sum_{i=1}^{n} (TFW_i^{育肥} \alpha_{Pi}) \right) \tag{5.54}$$

育肥猪通过固体粪便排出的 N：

$$ExN_{育肥猪固粪} = FodN_{育肥猪} \times \beta_{育肥猪固粪N/摄入N}$$

式中，$ExN_{育肥猪固粪}$ —— 育肥猪通过固体粪便排出的 N 的量；

$\beta_{育肥猪固粪N/摄入N}$ —— 育肥猪通过固体粪便排泄的 N 占摄入量的比例。

育肥猪通过尿液排出的 N：

$$ExN_{育肥猪尿} = FodN_{育肥猪} \times \beta_{育肥猪尿N/摄入N} \tag{5.55}$$

式中，$ExN_{育肥猪尿}$ —— 育肥猪通过猪尿排出的 N 的量；

$\beta_{育肥猪尿N/摄入N}$ —— 育肥猪通过猪尿排泄的 N 占摄入量的比例。

育肥猪通过固体粪便排出的 P：

$$ExP_{育肥猪固粪} = FodP_{育肥猪} \times \beta_{育肥猪固粪P/摄入P} \tag{5.56}$$

式中，$ExP_{育肥猪固粪}$ —— 育肥猪通过固体粪便排出的 P 的量；

$\beta_{育肥猪固粪P/摄入P}$ —— 育肥猪通过固体粪便排泄的 P 占摄入量的比例。

育肥猪通过尿液排出的 P：

$$\text{ExP}_{育肥猪尿} = \text{FodP}_{育肥猪} \times \beta_{育肥猪尿P/摄入P} \tag{5.57}$$

式中，$\text{ExP}_{育肥猪尿}$ —— 育肥猪通过猪尿排出的 P 的量；

$\beta_{育肥猪尿P/摄入P}$ —— 育肥猪通过猪尿排泄的 P 占摄入量的比例。

5.1.4.3 还田模块

本模块描述了粪肥通过还田方式所需要投资的设备和设施、相应的成本收益和在一定的环境和土地约束下粪肥最大的可利用量及其利用价值。还田中需要一定体积的贮存池和运输播撒设备用于还田的实践操作。

（1）成本收益

还田利润（收益减去成本）：

$$Z_{还田} = R_{固粪还田收益} - C_{还田总}$$
$$= (W_{固粪替代化肥量} \times P_{化肥价格}) - (C_{还田折旧} + C_{还田维修} + C_{还田资金成本} + C_{还田人工费}) \tag{5.58}$$

式中，$Z_{还田}$ —— 猪粪用于还田的净利润；

$R_{固粪还田收益}$ —— 猪粪用于还田时取得的收益，本研究以在保证粮食作物产量不变的情况下，猪粪肥替代化肥的价值；

$W_{固粪替代化肥量}$ —— 猪粪肥替代的量；

$P_{化肥价格}$ —— 化肥的价格；

$C_{还田总}$ —— 猪粪肥用于还田时每年所花费的总成本；

$C_{还田折旧}$ —— 还田设施投资的每年折旧费；

$C_{还田维修}$ —— 还田设施投资的每年维修费；

$C_{还田人工费}$ —— 粪肥还田所需花费的人工成本。

（2）粪肥施用量

粪肥施用量由当地地理、水文、土壤和作物生物营养特性等多种条件综合决定，粪肥的施用应当既保证农作物的正常生长需要，同时不对当地土壤和水环境带来污染。由于氮（N）和磷（P）是动植物必需的营养元素，也是农作物产量最重要的养分限制因子，同时其过量和不当的施用也是造成土壤和水体生态环境破坏的主要因素（章明奎，2005）。因此，本研究分别基于氮（N）和磷（P）的施用标准，来分别考察猪粪的还田用量。根据氮（N）和磷（P）在种植系统中的生态循环路径，运用物质平衡理论，来决定其最佳施用量。

以氮为施肥标准时：

$$N_{作物产出} = \left(Q_{化肥施用/公顷} \times \beta_{化肥N含量} \times (1 - \beta_{化肥N挥发}) + Q_{粪肥施用/公顷} \times \beta_{粪肥N含量} \times (1 - \beta_{粪肥N挥发}) \right.$$
$$\left. + N_{生物固氮} + N_{大气沉降} + N_{秸秆还田} + N_{灌溉水} \right) \times (1 - \beta_{硝化反硝化和淋洗})$$

（5.59）

式中，$N_{作物产出}$ —— 在一定种植条件下的作物产出所带走的氮的量；

$Q_{化肥施用/公顷}$ —— 单位面积化肥施用量；

$\beta_{化肥N含量}$ —— 化肥（以尿素为标准）中氮的含量；

$\beta_{化肥N挥发}$ —— 化肥施入农田后氨氮挥发率，按深施或者施后灌水的施肥方式考虑；

$Q_{粪肥施用/公顷}$ —— 单位面积粪肥施用量；

$\beta_{粪肥N含量}$ —— 粪肥中氮含量；

$\beta_{粪肥N挥发}$ —— 粪肥施入农田后氮挥发率；

$N_{生物固氮}$ —— 作物的每亩生物固氮（将氮气还原为氨）的量；

$N_{秸秆还田}$ —— 通过秸秆还田回到土壤中的氮的量；

$N_{大气沉降}$ —— 通过大气沉降反映回到土壤中的氮的量；

$N_{灌溉水}$ —— 通过灌溉水带到土壤中的氮的量；

$N_{硝化反硝化和淋洗}$ —— 在一定的生物化学过程中产生氮氧化物，并随水移动到根系活动层以下，造成的农田氮的损失。

以磷为施肥标准时：

$$P_{作物产出} = \left(Q_{化肥施用/公顷} \times \beta_{化肥P含量} + Q_{粪肥施用/公顷} \times \beta_{粪肥N含量}\right) \times (1 - \beta_{径流和侵蚀}) + P_{降水}$$

（5.60）

式中，$P_{作物产出}$ —— 通过作物产出带走的磷的量；

$\beta_{化肥P含量}$ —— 化肥（以磷酸二铵为标准）中磷的含量；

$\beta_{粪肥P含量}$ —— 粪肥中磷含量；

$\beta_{径流和侵蚀}$ —— 通过地表径流和土壤侵蚀所带走的磷的量；

$P_{降水}$ —— 通过降水给土壤带来的磷的量。

5.1.4.4 固液分离模块

规模化的养猪场一般要用分离机进行固液分离，便于污水的后续处理。固液分离机的运行费用包括日常电费、维修费用和投药费用等。根据其运行的技术经济特征，该部分的主要函数表达如下：

固液分离机每年总成本：

$$C_{\text{固液分离总年}} = (I_{\text{固液分离机}} / Y_{\text{固液分离折旧}}) \times 1.3 + C_{\text{日固液分离电费}} \times 365 + C_{\text{日固液分离药费}} \times 365$$
$$+ C_{\text{固液分离资金成本}}$$

$$(5.61)$$

式中，$C_{\text{固液分离总年}}$ —— 固液分离单元每年花费的总成本；

$I_{\text{固液分离机}}$ —— 固液分离机设备的总投资；

$Y_{\text{固液分离折旧}}$ —— 固液分离机的折旧期；

$C_{\text{固液分离资金成本}}$ —— 固液分离设备投资的资金占用成本；

$C_{\text{日固液分离电费}}$ —— 固液分离单元每日运行所花费的电费；

$C_{\text{日固液分离药费}}$ —— 固液分离单元每日运行所花费的投药费用。

5.1.4.5 集水池模块

集水池配备有搅拌电机和污水提升泵，集水池投资分池体、搅拌电机和污水提升泵投资。根据集水池运行的技术经济特征，该部分的主要函数表达如下：

集水池每年总成本：

$$C_{\text{集水池总年}} = (I_{\text{集水池}} / Y_{\text{集水池折旧}}) + (I_{\text{集水搅拌电机}} / Y_{\text{集水搅拌电机折旧}}) + (I_{\text{集水污水提升泵}} / Y_{\text{集水污水提升泵折旧}})$$
$$+ C_{\text{集水池维修费}} + C_{\text{集水池资金成本}} + C_{\text{集水搅拌电机日}} \times 365 + C_{\text{集水污水提升泵日}} \times 365$$

$$(5.62)$$

式中，$C_{\text{集水池总年}}$ —— 集水池每年花费总成本；

$I_{\text{集水池}}$ —— 集水池池体花费的总投资；

$Y_{\text{集水池折旧}}$ —— 集水池池体的折旧年限；

$I_{\text{集水搅拌电机}}$ —— 集水池配备的搅拌电机的投资；

$Y_{\text{集水搅拌电机折旧}}$ —— 集水池配备的搅拌电机的折旧年限；

$I_{\text{集水污水提升泵}}$ —— 集水池配备的污水提升泵的投资；

$Y_{\text{集水污水提升泵折旧}}$ —— 集水池配备的污水提升泵的折旧年限；

$C_{\text{集水池维修费}}$ —— 集水池池体及设备每年维修费用；

$C_{\text{集水池资金成本}}$ —— 集水池池体及设备投资花费的资金占用成本；

$C_{\text{集水搅拌电机日}}$ —— 集水池搅拌电机每日耗费的电费；

$C_{\text{集水污水提升泵日}}$ —— 集水池污水提升泵每日耗费的电费。

5.1.4.6 调节池模块

调节池配备有污水提升泵，调节池投资分池体投资和污水提升泵投资。根据调节池运行的技术经济特征，该部分的主要函数表达如下：

调节池每年总成本：

$$
\begin{aligned}
C_{\text{调节池总年}} = & \left(I_{\text{调节池}} / Y_{\text{调节池折旧}} \right) + \left(I_{\text{调节污水提升泵}} / Y_{\text{调节污水提升泵折旧}} \right) \\
& + C_{\text{调节池维修费}} + C_{\text{调节池资金成本}} + C_{\text{调节污水提升泵日}} \times 365
\end{aligned}
\tag{5.63}
$$

式中，$C_{\text{调节池总年}}$ —— 调节池每年花费总成本；

$I_{\text{调节池}}$ —— 调节池池体花费的总投资；

$Y_{\text{调节池折旧}}$ —— 调节池池体的折旧年限；

$I_{\text{调节污水提升泵}}$ —— 调节池配备的污水提升泵的投资；

$Y_{\text{调节污水提升泵折旧}}$ —— 调节池配备的污水提升泵的折旧年限；

$C_{\text{调节池维修费}}$ —— 调节池池体及设备每年维修费用；

$C_{\text{调节池资金成本}}$ —— 调节池池体及设备投资花费的资金占用成本；

$C_{\text{调节污水提升泵日}}$ —— 调节池污水提升泵每日耗费的电费。

5.1.4.7 厌氧处理模块

厌氧处理单元是在无氧条件下，依靠兼性菌和专性厌氧细菌降解有机物，分解出以甲烷为主的消化气（即沼气）。厌氧处理单元主要设备是其主反应器，即厌氧消化池，并配备有进料泵。根据厌氧消化处理的技术工艺和技术经济特征，该模块的主要运算函数如下：

厌氧处理单元每年总成本：

$$C_{厌氧单元总年} = C_{厌氧单元折旧} + C_{厌氧单元维修} + C_{厌氧单元资金成本} + C_{沼气场占地} + C_{沼气场人工年}$$
$$+ C_{厌氧进料电机日} \times 365$$

$$(5.64)$$

式中，$C_{厌氧单元总年}$ —— 厌氧处理单元每年花费中成本；

$C_{厌氧单元折旧}$ —— 厌氧处理单元投资的每年的折旧费；

$C_{厌氧单元维修}$ —— 厌氧处理单元每年维修费；

$C_{厌氧单元资金成本}$ —— 厌氧处理单元每年投资的资金使用成本；

$C_{沼气场占地}$ —— 沼气场占地每年的土地成本（租金）；

$C_{沼气场人工年}$ —— 沼气场每年花费的人工成本；

$C_{厌氧进料电机日}$ —— 厌氧处理单元配备的搅拌电机每日花费电费。

沼气体积与重量之间的换算关系：

$$W_{沼气日} = (V_{沼气日} / 22.4) \times \alpha_{甲烷} \times 16 + (V_{沼气日} / 22.4) \times \alpha_{二氧化碳} \times 44 \quad (5.65)$$

式中，$W_{沼气日}$ —— 每日生产出的沼气重量；

$\alpha_{甲烷}$ —— 沼气中甲烷的体积含量；

$\alpha_{二氧化碳}$ —— 沼气中二氧化碳的体积含量。

沼气由甲烷和二氧化碳构成，甲烷和二氧化碳的分子量分别为 16 和 44。

沼气重量：

$$W_{沼气日} = (W_{固粪沼气化日} \times (1 - \beta_{固粪含水率}) + W_{尿日收集} \times (1 - \beta_{猪尿含水率})) \times \beta_{沼化效率} \quad (5.66)$$

式中，$\beta_{沼化效率} = \dfrac{DM_{CH_4+CO_2}}{DM_{input}} = \dfrac{DM_{CH_4+CO_2}}{DM_{output}}$ 表示沼化效率，即沼气干物质量占输

入的总干物质的量的比例。

沼渣重量：

$$W_{沼渣日} = (W_{固粪沼气化日} \times (1 - \beta_{固粪含水率}) + W_{尿日收集} \times (1 - \beta_{猪尿含水率})) \times (1 - \beta_{沼化效率})$$

$$(5.67)$$

式中，$W_{沼渣日}$ —— 每日生产出的沼渣的重量。

5.1.4.8 净化脱硫模块

净化脱硫模块主要设备是脱硫设备，该部分成本收益即脱硫设备的投资和维

护费用及脱硫剂的使用花费。根据净化脱硫设备运行的技术经济特征，该模块的主要函数表达如下：

净化脱硫每年总成本：

$$C_{净化脱硫总年} = C_{净化脱硫折旧} + C_{净化脱硫维修} + C_{净化脱硫资金成本} + C_{脱硫剂年} \quad （5.68）$$

式中，$C_{净化脱硫总年}$ —— 净化脱硫单元每年总成本；

$C_{净化脱硫折旧}$ —— 净化脱硫设备投资每年折旧费；

$C_{净化脱硫资金成本}$ —— 净化脱硫设备资金占用成本；

$C_{脱硫剂年}$ —— 净化脱硫每年消耗的脱硫剂费用。

5.1.4.9 贮气模块

贮气单元主要是贮气罐，其成本收益即其投资和维护的成本。根据贮气单元运行的技术经济特征，该模块主要函数如下：

贮气单元每年总成本：

$$C_{贮气总年} = C_{贮气柜折旧} + C_{贮气柜维修} + C_{贮气柜资金成本} \quad （5.69）$$

式中，$C_{贮气总年}$ —— 贮气单元每年总成本；

$C_{贮气柜折旧}$ —— 贮气单元每年折旧；

$C_{贮气柜维修}$ —— 贮气单元每年维修成本；

$C_{贮气柜资金成本}$ —— 贮气单元每年资金占用成本。

5.1.4.10 沼气利用模块

根据 BND 村目前的情况，目前生产出来的沼气全部用于民用燃烧作为家用能源。

沼气利用方式：

$$V_{沼气产年} = V_{沼气日} \times 365 = V_{沼气出售} + V_{直接排放} \quad （5.70）$$

$$V_{沼气出售} \leqslant V_{沼气最大需求} = POP \times v_{rj} \times 365$$

式中，$V_{沼气产年}$ —— 每年沼气总产量；每年生产的按其利用方式可以分为出售供居民使用和直接（燃烧后）排放等形式；

　　　　$V_{沼气出售}$ —— 沼气出售量，即当地农村居民在一定价格下的需求量；

　　　　$V_{直接排放}$ —— 通过直接燃烧等方式进行排放的沼气量，这部分沼气量不产生经济效益，可以根据实际情况确定。

沼气民用燃烧总成本：

$$C_{民用输气管道总年} = C_{民用输气管道折旧} + C_{民用输气管道维修} + C_{民用输气管道资金成本} \qquad (5.71)$$

式中，$C_{民用输气管道总年}$ —— 铺设沼气管道的分摊的每年总成本，其即沼气采取民用燃烧利用方式时的总成本；

　　　　$C_{民用输气管道折旧}$ —— 沼气输送管道每年折旧费；

　　　　$C_{民用输气管道维修}$ —— 沼气输送管道每年维修费；

　　　　$C_{民用输气管道资金成本}$ —— 沼气输送管道投资每年占用的资金占用成本。

沼气出售收益：

$$R_{沼气出售收益} = V_{沼气出售} \times P_{沼气价格} \qquad (5.72)$$

式中，$R_{沼气出售收益}$ —— 沼气的年出售收益；

　　　　$P_{沼气价格}$ —— 沼气的民用燃烧的出售价格。

5.1.4.11　好氧处理模块

　　目前，BND 村养殖废弃物处理好氧处理工艺采用的是 SBR 处理工艺。根据序批式活性污泥反应器（SBR）的投资和运行的技术经济特征，该模块的成本或收益函数设定如下：

SBR 每年总成本：

$$C_{SBR总年} = C_{SBR折旧} + C_{SBR维修年} + C_{SBR资金成本} + C_{SBR运行日} \times 365 \qquad (5.73)$$

式中，$C_{SBR总年}$ —— SBR 投资及运行的每年总成本；

　　　　$C_{SBR折旧}$ —— SBR 投资的每年折旧费；

　　　　$C_{SBR维修年}$ —— SBR 每年的维修费用；

$C_{\text{SBR资金成本}}$ —— SBR 投资每年的资金占用成本；

$C_{\text{SBR运行日}}$ —— SBR 每日的运行支出，即电费和药剂花费。

5.1.4.12 堆肥处理模块

固体粪便和沼渣（含污泥）都可以按照一定的生产工艺加工制成有机肥。根据有机肥投资和生产的技术经济特点，该模块的计算函数设定如下：

有机肥总产量：

$$W_{\text{有机肥产量年}} = W_{\text{固粪有机肥产量年}} + W_{\text{沼渣有机肥产量年}} \tag{5.74}$$

式中，$W_{\text{有机肥产量年}}$ —— 每年的有机肥总产量；

$W_{\text{固粪有机肥产量年}}$ —— 每年采用固体粪便为主要原料制作的有机肥产量；

$W_{\text{沼渣有机肥产量年}}$ —— 每年采用沼渣为主要原料制作的有机肥产量。

有机肥收益：

$$R_{\text{有机肥出售收益}} = W_{\text{有机肥销量年}} \times P_{\text{有机肥价格}} = W_{\text{有机肥产量年}} \times P_{\text{有机肥价格}} \tag{5.75}$$

式中，$R_{\text{有机肥出售收益}}$ —— 有机肥的年销售收益；

$P_{\text{有机肥价格}}$ —— 有机肥的出售价格。

有机肥总成本：

$$C_{\text{有机肥总年}} = C_{\text{有机肥场折旧}} + C_{\text{有机肥场维修年}} + C_{\text{有机肥场资金成本}} + C_{\text{固粪有机肥原料成本}}$$
$$+ C_{\text{沼渣有机肥成本}} + C_{\text{有机肥电费成本}} + C_{\text{有机肥人工成本}} + C_{\text{有机肥地租}} \tag{5.76}$$

式中，$C_{\text{有机肥总年}}$ —— 每年为生产有机肥花费的中成本；

$C_{\text{有机肥场折旧}}$ —— 有机肥场设备和厂房的折旧费；

$C_{\text{有机肥场维修年}}$ —— 有机肥场设备和厂房每年的维修费；

$C_{\text{有机肥场资金成本}}$ —— 有机肥场投资的资金占用成本；

$C_{\text{固粪有机肥原料成本}}$ —— 采用固体粪便为原料制作有机肥所耗的原料成本；

$C_{\text{沼渣有机肥成本}}$ —— 采用沼渣为原料制作有机肥所耗的原料成本；

$C_{\text{有机肥电费成本}}$ —— 生产有机肥每年所花费的电费；

$C_{\text{有机肥人工成本}}$ —— 有机肥生产所每年花费的人工成本；

$C_{\text{有机肥地租}}$ —— 有机肥生产占用的土地成本（地租）。

5.1.5 数据与参数

上述模型的求解依赖于大量的数据和参数进入模型进行规划求解。这些数据和参数涵盖了社会经济、动植物营养、环境工程和技术工艺等多个方面。本研究根据数据的类别属性建立了多个数据库以供模型中各个函数运算调用。下面对其中一些重要数据的来源做一简要说明和示例。

需要说明的是，模型所采用初始数据均采用 2008 年的年度数据。2008 年是我国生猪养殖发展比较平稳健康的一年，生猪生产快速恢复稳定发展，2008 年生猪养殖总体盈利状况出于正常稳定的水平（中国畜牧业年鉴，2009）。猪粮比是反映养殖利润高低，猪价是否正常的重要指标。一般认为生猪价格和玉米价格比值为 5.5∶1 时，生猪养殖基本处于盈亏平衡点。徐小华、吴仁水（2010）对 2004 年 1 月到 2009 年 8 月期间月度猪粮比的研究发现，其大致在 3.8～9.5 区间内运行，均值为 6.53，方差为 1.23。而本研究调研所在地的年度猪粮比价为 6.37，基本处于正常水平之内。因此，以 2008 年的数据为基准开展研究，能够更好地突出本研究的主题养殖废弃物的处理和利用问题。

5.1.5.1 产品及生产资料价格数据库

表 5.1 中数据库包括各种产品和生产资料的市场价格，通过作者实地调查获得。除特别说明外，本研究所有价格数据均采用 2008 年当地当年平均市场价格。

表 5.1 主要产品及生产资料价格数据库

项目		价格	单位	备注
产品	生猪	13	元/kg	
	沼气	1.5	元/m³	
	初级有机肥	300	元/t	
	仔猪	440	头	20 kg/头
化肥	尿素	1 840	元/t	
	磷酸二铵	2 500	元/t	
饲料	玉米	2.04	元/kg	
	豆粕	5.13	元/kg	当地市场零售价格
	麸皮	1.75	元/kg	
	鱼粉	10.38	元/kg	

项目		价格	单位	备注
生产原料	脱硫剂	1 800	元/t	
	机油价格	11	元/kg	
	锯末	0.1	元/kg	
	腐殖酸	0.34	元/kg	
资金	贷款利率 1	0.077 4		5 年以上
	贷款利率 2	0.075 6		3～5 年
	贷款利率 3	0.072 9		1～3 年
土地	地租	600	元/亩	
劳动	人工-常年	14 400	元/a	
	日工价	21.6	元/d	
其他	电价	0.58	元/kWh	当地农用电价
	母猪购入	40	元/kg	60 kg/头
	淘汰母猪	6	元/kg	

5.1.5.2 猪群繁殖生长和栏位设计数据库

为提高养殖的生产效率，规模化养猪场必须进行节律化的生产，全年进行均衡的全进全出的作业方式进行生产（王林云，2007）。为正确评估猪场的生产效率，必须精确了解猪的繁殖节律，建立合理的猪群结构，充分利用现有土地、圈舍和设备。同时正确估计猪的生长对计算饲料消耗、计算营养需求和选择合适销售时机至关重要，根据 BND 村养猪的主要品种，本研究采用杨立彬、李德发等（2004）提出的模型模拟了 BND 村所饲养的杜洛克、太白和长白三元杂交的猪种的生长曲线，并基于此估计了其饲料消耗。根据作者调研并查阅相关计算文献，建立猪群繁殖生长和栏位设计数据库，主要包含以下数据（表 5.2 和表 5.3）。

表 5.2　生猪繁殖与生长参数

参数	取值	含义	备注
$\beta_{母猪年更新率}$	0.33	后备母猪与能繁母猪之间关系	作者实地调研
$\beta_{公母比例}$	0.025	种公猪与母猪的配对关系	作者实地调研
$M_{胎数}$	1.8	母猪每年繁殖胎次	作者实地调研
$Q_{年产仔}$	9	每胎次繁殖头数	作者实地调研

参数	取值	含义	备注
R_1	0.106 0	体重与生长天数间的关系	杨立彬等（2004）
R_2	1.359 9	体重与生长天数间的关系	杨立彬等（2004）
α_{tn1}	509.63	体重与消化能之间的关系系数	杨立彬等（2004）
α_{tn2}	0.63	体重与消化能之间的关系系数	杨立彬等（2004）

表 5.3 生猪养殖栏位设计参数

猪群种类	在栏时间/d	栏位面积
育肥猪	143	2.25 m²/头
能繁母猪-待配种	39	2.25 m²/头
能繁母猪-妊娠	89	2.25 m²/头
能繁母猪-哺乳	45	9 m²/头
后备母猪	120	2.25 m²/头
后备公猪	365	2.25 m²/头
保育猪	45	9 m²/胎次

资料来源：作者调研。

5.1.5.3 营养及养分数据库

本研究基于物质平衡的基本原理，跟踪氮和磷在养殖、种植和废弃物处理系统中的物质流向，以正确估计其可以资源化利用的量。营养成分数据库包含养殖系统输入的饲料中所含的氮和磷含量以及排泄粪便所含氮和磷的量等数据（表 5.4 和表 5.5）。

表 5.4 饲料营养成分及能量值

饲料	粗蛋白 CP/ %	N/ %	P/ （g/kg）	K/ （g/kg）	消化能/ （MJ/kg）	DM/ %
普通玉米	8.1	1.296	2.6	3.2	12.3	86.4
豆粕 （蛋白质+脂肪）	45.3	7.248	6.2	21.1	14.7	87.8
麸皮 （硬质小麦麸）	14.6	2.336	9.7	11.9	8.7	86.6

饲料	粗蛋白 CP/ %	N/ %	P/ （g/kg）	K/ （g/kg）	消化能/ （MJ/kg）	DM/ %
鱼粉 （蛋白质 65%）	65.3	10.448	25.2	9.7	16.1	91.7
小麦 （淀粉 25%）	14.7	2.352	7.4	9.2	12.2	90.6

资料来源：1.周国安（2002）；2. Sauvant et al.（2005）.

注：N 含量=CP 含量/6.25。

表 5.5　排泄的 N/P 占摄入量的比例　　　　　单位：%

	母猪		育肥猪等	
	固体粪便	尿	固体粪便	尿
N	20	56	17	50
P	48	27	56	7

资料来源：Poulsen et al.（1999）.

5.1.5.4　种植系统养分流动数据库

本研究根据养分在种植系统中的循环路径建立了养分流动的生态模型，其中需要考察养分在整个农田系统中的迁移和流动，为此作者与总课题组其他子项目成员一起对氮素和磷素在农田种植系统中的转移系数做了相应的实地测量，一些难以实地测量的参数则通过查阅相关文献获得。

表 5.6　种植系统养分流动主要参数

N	取值	备注	P	取值	备注
$\beta_{化肥N含量}$	46%	以尿素为标准	$\beta_{化肥P含量}$	12.5%	以磷酸二铵为标准
$\beta_{化肥N挥发}$	15%	深施	$\beta_{径流和侵蚀}$	5%	章明奎（2005）
$\beta_{粪肥N挥发}$	30%	Van Horn 等 （1996）	$P_{降水}$	1 kgP/hm²	Van Horn 等（1996）
$N_{生物固氮}$	10 kgN/hm²	实地测量	$P_{作物产出}$	67 kgP/hm²	当前种植条件
$N_{大气沉降}$	76.5 kgN/hm²	实地测量			
$N_{灌溉水}$	8.5 kgN/hm²	实地测量			

N	取值	备注	P	取值	备注
$N_{作物产出}$	523 kgN/hm²	当前种植条件			
$N_{硝化反硝化和淋洗}$	18%	章明奎（2005）			

5.1.5.5 废弃物处理加工的技术参数数据库

废弃物的处理和加工需要采用大量的工业设备，采用多种处理和加工技术，为准确描述和刻画其工艺特征和技术效率，需要准确了解其相应的技术参数。本研究在实地测量的基础上，获取了大量的技术参数，建立了废弃物处理加工的技术参数数据库（表 5.7）。这个数据库包含了固液分离、集水池、调节池、厌氧处理、净化脱硫、贮气柜、沼气利用、好氧处理和堆肥处理各个工艺环节的技术参数，基于这些参数，本研究能够更准确地评价和计算各个技术、工艺和设备的技术效率和经济效益。

表 5.7　废弃物处理加工主要技术参数

技术参数	取值	含义
$D_{集水池HRT}$	0.5 d	污水在集水池水力停留时间
$T_{集水搅拌电机日}$	4 h	搅拌电机每天运行时间
$T_{集水污水提升泵日}$	4 h	集水池污水提升泵每天运行时间
$D_{调节池HRT}$	1 d	污水在调节池水力停留时间
$T_{调节污水提升泵日}$	4 h	调节池污水提升泵每天运行时间
$D_{厌氧消化器HRT}$	10 d	污水在厌氧消化器水力停留时间
$T_{厌氧搅拌电机日}$	4 h	厌氧搅拌电机每天运行时间
$\beta_{气/厌氧容积}$	量纲为1	池容产气率，实地测量
$\alpha_{甲烷}$	61%	沼气中甲烷的体积含量
$\alpha_{二氧化碳}$	39%	沼气中二氧化碳的体积含量
$\beta_{沼化效率}$	70%	沼化效率，即沼气干物质质量占输入的总干物质的量的比例
$D_{贮气柜}$	2 d	最大贮存沼气产量的天数

技术参数	取值	含义
$\beta_{固粪/肥}$	3.2 d	固体粪便制成有机肥的重量系数
$\beta_{沼渣/肥}$	3.2 d	沼渣制成有机肥的重量系数

5.2　结果及分析

　　基于本章所构建的"BND 村生猪养殖及废弃物处理的农业生态经济模型"，利用实地调查和测量的数据，模拟了在静态情况下，即在当前生产条件和废弃物处理技术不变的情况下，BND 养殖场怎样通过养殖规模优化和废弃物处理及利用方式的优化，在保证一定环境效益的同时达到最大化的经济利益的。表 5.8 展示了优化调整后的养殖规模和废弃物处理与利用方式的优化结果。为反映优化后的结果与目前实际情况的对比，表 5.8 中也列出了 2008 年的实际情况。

表 5.8　基于 BEM 模型的优化结果

	2008 年实际	优化结果
养殖规模：		
母猪存栏/头	3 300	3 467
转栏育肥/头	44 680	50 623
总出栏/头	44 680	50 623
出售仔猪/头	3 500	0
废弃物处理和利用：		
处理固体粪便总量/t	12 374.88	13 785.82
处理污水总量/m³	40 115.72	110 633.98
还田施用面积/hm²	26.67	133.33
还田粪便量/t	7 424.93	3 328.83
生产沼气粪便量/t	4 689.95	0
生产有机肥粪便量/t	260.00	10 456.99
沼气出售/m³	257 310.11	257 310.11
有机肥年总产量/t	112.50	3 353.11
其中：沼渣有机肥产量/t	31.25	85.30
固体粪便制作粪有机肥产量/t	81.25	3 267.81

	2008 年实际	优化结果
收益:		
总收益/元	7 569 138.99	9 016 544.32
其中：养殖收益/元	8 257 334.15	9 160 158.59
粪便利用及处理利润/元	−688 195.16	−143 614.27
还田收益/元	76 964.81	273 951.01
沼气利用/元	207 251.60	207 251.60
有机肥出售收益/元	16 729.46	477 636.53
不计还田的废弃物处理收益/元	−765 159.971 3	−417 565.28
粪污未处理情况下的排污费/元	−233 674.060 3	−257 777.18

需要说明的是，本研究以及所有章节中的计算结果未经特别指出均为该年的总量数据。由于"不计还田的废弃物处理"方式是较传统散养方式规模化养殖废弃物处理所特有的一些方式，如厌氧发酵、好氧处理和堆肥处理等，这些处理方式相对于直接还田投入成本较大、处理效率高，很大程度上决定着规模化养殖进行废弃物处理的经济可行性，因而本研究在模拟结果中，将"不计还田的废弃物处理收益"项目单独列出。另外，假设规模化养殖场不采取任何的废弃物处理措施，将废弃物直接排放到周边环境，按照当前环保政策规定要求，需要缴纳一定的排污费。因而，本研究将该数量的排污费以"粪污未处理情况下的排污费"项目的形式在结果表中也单独列出，并与"不计还田的废弃物处理收益"项目一起来考察规模化养殖场进行废弃物处理的经济激励的大小。

从表 5.8 中的优化结果可以得出以下几点结论：

（1）养殖规模

与 2008 年实际相比，母猪作为养殖户基本的生产性投入可以在目前的基础上有所提高。适当增加母猪投入，同时在仔猪的饲养和出售上，通过自繁自养，全部以育肥猪出栏的方式，是经济上更好的选择，可以显著提高养殖的纯收入。

（2）废弃物的处理与利用方式

在废弃物的处理和利用上，优化结果显示在单位面积的粪肥施肥量应小于实际的粪肥施肥量，还田面积应较实际有所扩大，多余粪便要通过堆肥方式制作成有机肥，并予以市场化地销售。

目前，广泛采用就地还田的方式，利用效率极低。目前，粪肥还田利用方式还很不合理，部分农田过分使用粪肥，超过土壤承载能力，给农田生态环境带来危害。而与此同时，又有很多农民认为化肥肥效更高，粪肥施用不便，而很少施用有机粪肥。由于农民仅仅知道畜牧粪便含有作物生长需要的养分物质，然而对其适宜施用量却缺乏科学的认识，往往将自家动物粪肥全部施用于自家耕地。而有机肥如果过量施用，会造成氮素和磷素的过量累积而给土壤和地下水造成危害。因此，有必要对农民进行科学的宣传和指导，根据作物需求和土壤承载合理确定施用量，不宜笼统地提倡长期大量地施用有机肥。

同时，当前的粪肥施用面积受到限制，大量粪肥仅施用在养殖区内较小的耕地上，可以通过扩大还田面积，利用其他的土地扩大还田面积，增加粪便的处理量并提高还田收益。在沼气生产上，由于当前主要考虑居民的用气需要，出于对产气量不足的担心，大量的固体粪肥用于生产沼气。然而，大量粪污却没有得到利用而直接排放，不但丧失了其利用价值，还给周边水体环境带来了污染。当前粪肥的过量还田和过于重视沼气的生产的现状，造成有机肥产量过小。按照现实的沼气工程生产情况，年产沼渣达 284.8 t，但实际利用制成有机肥的只有 100 t，这也反映了当前对有机肥生产的忽视。

（3）收益

优化结果显示，通过养殖规模和饲养方式的优化以及废弃物处理与利用方式的优化可以提高总收益近 144 万元，其中通过养殖规模的提高，可以使生猪的销售收益提高 90 万元，同时通过粪便处理与利用方式的优化可以使农场总收入提高 54 万元。

由于农民错误地认为粪便还田越多，其带来的经济价值越高，使得粪便在较小的面积上还田过多，导致粪便利用价值降低。随着粪肥在田地上应用数理的增加，其价值增加并不明显，反而丧失了其应用于有机肥上生产的经济价值。从环境效益和经济效益上来看，都是不划算的。因此，可以通过扩大还田面积，并将多余粪肥用作制作有机肥料并在市场上加以销售，这将会大大提高粪便处理和利用环节的总体收益。

（4）还田面积

优化结果显示通过还田面积的扩大，可以提高粪便的处理能力，同时带来可观的经济利益。通过粪肥还田面积的扩大（从 26.67 hm² 扩大到 133.33 hm²），可以使粪肥还田收益提高近 20 万元，进而提高废弃物处理的总收益。

国外畜牧业发达的国家在大中型养猪场的新建中均要经过严格的审批，并要求配置相应的粪污处理设施，是否拥有配套的耕地是重要的参考依据。但是，由于我国土地制度的制约，绝大多数规模化养殖场没有足够配套的耕地以消纳大量集中的畜牧粪便。因而，今后在新建养殖场审批中要对粪便还田对出相应的规定和要求，养殖场的建设要优先考虑废弃物能否得到周边土地的利用和消纳。养殖场户（主）也要根据当地土地情况合理选址，与周边土地所有权人事先达成粪便土地利用的协议或契约，以保证动物粪便得到经济合理的处理和利用。

（5）有机肥生产

优化后的有机肥产量和收益均较现实情况有非常大的提高，过量还田的粪肥转移到有机肥生产上来，可以使有机肥产量提高 3 400 t，提高有机肥的出售收益49 万元。

通过有机肥的生产，大大提高了废弃物处理的收益，当前应该着力促进有机肥的生产和经营。利用固体粪便进行堆肥生产有机肥还可以使得畜牧粪便的处理能力大幅度提高，也是解决当前土地资源不足，实现粪便资源化利用并取得良好经济效益的一种较好的可取的养殖废弃物利用方式。有机肥的生产和销售，可以使得规模化的养殖场的动物粪便在更大空间上得以土地利用，可利用方式可以看作是在更广阔范围内的粪肥还田，实现更大空间上的农牧结合。随着人们生活水平的不断提高，绿色食品逐渐受到青睐，有机肥的利用有着广阔的市场前景。然而，目前我国的有机肥产品市场还处于市场培育阶段，产品质量参差不齐、标准不一，有机肥市场基本处于低价低质恶性竞争状态。从 2008 年 6 月起，国家财政部和税务总局下发文件对生产和销售有机肥产品实行免征增值税的优惠政策，这对污泥堆肥制有机肥的整体投入成本会有所降低，但其具体促进效果尚不明显（刘洪涛等，2010）。因而，当前有必要从可持续发展的角度，在作物生产水平得以保证和环境得到保护要求下，提倡增加施用有机肥（与化肥配合施用），促进畜牧养殖废弃物的综合化资源化利用，减轻因化肥生产造成的污染物排放；同时要积极推进有机肥行业相关产品的升级，在融资渠道、经营管理和技术推广等方面给予政策优惠和扶持，增强生产企业的盈利能力，推动有机肥市场逐步走向健康和成熟。

（6）排污费

在两种情况下，即不管采取的现在废弃物利用和处理方式还是优化后的处理与利用方式，不计还田的废弃物处理花费均大于粪污不进行处理情况下所需要缴纳的排污费，这说明我国当前排污费规定金额过低，农场可能宁愿去缴纳排污费获取排污权，也不愿花费过大的成本去处理废弃物。加上目前环境监管薄弱，很多地方缺乏执行的力度，排污费的收取根本难以起到其应有的环境保护的作用。同时，从经济上来说，当前即使充分利用现存的设备和技术，优化养猪规模，合理有效利用废弃物，其收益相对于"不处理"也是不经济的。这主要是由于废弃物利用和处理投资规模大，而收益低（甚至为负）而决定的。这是导致目前我国很多养殖场废弃物处理规模小、效率低，以至于造成大量环境污染的主要原因。

5.3 本章小结

本章基于农业生态经济模型的一般框架，依据 BND 村生猪养殖和废弃物处理的现实情境，构建了一个"BND 村生猪养殖及废弃物处理的农业生态经济模型"（BEM 模型）。该模型是将基于生产者理性选择的经济学模型、基于工艺流程的生物物理模型和基于土壤养分循环的生态模型"连接"起来形成的一个整合的农业生态经济模型。在当前生产条件和废弃物处理技术不变的情况下，运用 BEM 模型，在保证一定环境效益的同时，以达到最大化的经济利益为目标，对 BND 养殖场怎样通过养殖规模优化和废弃物处理与利用方式进行优化分析，得出相关优化结果。再与实际情况相比较，得出以下几点简要结论：① 扩大养殖规模，并以育肥猪的形式出栏，可以显著提高养殖的净收益。对于 BND 村来说可以适当增加母猪投入，并全部通过全部转栏育肥以成年猪的形式出栏是经济上更好的选择。② 粪肥还田过量，不但经济效益低下，而且会对环境带来了危害。应该通过扩大还田面积，同时减少单位面积还田量的方式，增加粪肥的还田收益，同时提高环境效益，减小环境污染的威胁。养殖场的建立尽量要保证有一定的配套耕地，以将动物粪肥作为肥料进行资源化的还田利用。③ 要将还田剩余的粪肥进行堆肥来生产有机肥，这样既提高养殖废弃物的处理能力，使得畜牧粪便在更广阔空间范围内得以还田利用，同时又可以大大提高废弃物处理与利用的收益，获得更大的经济效益。④ 当前排污费规定金额过低，甚至低于废弃物处理的花费，难以起到环境保护的作用。需要制定更为科学合理的排污费征收制度。⑤ 养殖场废弃物利用和处理投资大，而收益低（甚至为负），这导致目前我国很多养殖场废弃物处理规模小、效率低，以至于造成大量环境污染。

6 不同情景下BND村规模化养殖废弃物处理的优化研究

本研究第 5 章运用"BND 村生猪养殖及废弃物处理的农业生态经济模型"（BEM 模型）分析了在当前生产条件和废弃物处理技术不变的情况下，BND 养殖场怎样通过养殖规模优化和废弃物处理与利用方式选择的优化，实现在达到一定环境效益的同时达到最大化的经济利益的。第 5 章是在静态环境下的分析，养殖场的生产条件和技术条件在短期内都是固定不变的。本章将对 BEM 模型进行扩展，使其能够模拟在技术可变（可以重新选择）的背景下，养殖场如何优化其养殖规模和废弃物处理利用方式，达到更大的经济效益和环境效益。通过将该农业生态经济模型在技术选择上的扩展，使得该模型可以模拟更加复杂的情景，将更具有普遍意义，适用性更强。

6.1 技术变化下的模型扩展

在先前的文献中，一般只假设一种常规的生产技术，即在各个生产阶段（或工艺流程）只假定采用既定的技术，最佳利润是以既定的生产技术为前提条件的。然而更为现实的情况是，基于一定的农业环境限制，追求利润最大化的农场将会在各个工艺环节寻求可选择的替代性技术以提高农业生产的经济效益和环境效益。假设在生产过程的各个工艺环节有多种可选的技术，这些替代技术可用于每个输出，那么这种输出的经济效应和环境效应不仅取决于输入组合的选择，还取决于生产技术的选用，所选择的生产技术同样会影响可变成本和固定成本。在技术可变（技术组合可变、工艺技术选择可变）的情况下，我们可以构建如下农业生态经济模型。令 ϕ_i 为一种生产技术，$\phi_i \in \Phi_i$，Φ_i 为生产环节 i 的可选技术集。

一定的农业环境制度下，某个农场的利润最大化问题，可以被定义为以下数学规划问题（PM_4）：

$$\pi(x_i, y_i, \phi_i, z_i, b_i)$$

$$= \max_{x_i, y_i, z_i, b_i} \left\{ \sum_i^l \left[p^T y_i - w' x_i \right] - c|\phi_i \right\} \tag{6.1}$$

$$\text{s.t.} \quad \forall i \quad G_i(z_i, y_i, x_i; s) \leqslant 0 \tag{6.2}$$

$$\forall i \quad \sum b_i \leqslant \bar{b} \tag{6.3}$$

$$\forall i \quad \sum z_i \leqslant \bar{z} \tag{6.4}$$

$$T(x) = \left\{ y \mid (x, y, \phi; s) \in T \right\} \tag{6.5}$$

$$x \in X \subseteq R_+^n \tag{6.6}$$

$$y \in Y \subseteq R_+^n \tag{6.7}$$

在以上的数学规划等式中，技术的选择不但涉及技术路径（工艺流程）的选择组合，还包含在同一个工艺流程下选择不同的（替代性的）技术处理方法（如不同的处理工艺、不同的设备和不同的材料等）。这些技术的选择既影响到输入的选择（如成本），也影响到输出的最优水平、输入的最优数量和种类以及对环境的影响。

通过将农业生态经济模型在"技术选择"维度上的扩展，使得该模型可以模拟更加复杂的情景。同时，需要放宽原先模型的假设。在这个扩展的模型中，我们将原 5.1.2 中假设（5）和假设（7）的限定予以放宽。这个扩展模型中将假设（5）改为假设（5-1）：环境容量限制。在一定的地理环境、土壤生态和种植结构条件下，当地生态环境对粪便和污水的承载有一定的限制。但这个承载量可以根据一定的环境标准和地理条件或生态环境条件加以调整，即环境标准可调整。假设（7）改为假设（7-1）：技术可选。假设在一些生产环节和技术工艺流程上存在着可以替代可以加以选择的技术，这些技术的技术效率或经济效益不同，可能会导致最终优化结果的变化。在本模型中，技术不再外生，而是可由模型进行系统优化选择的内生决策变量。同时，仍然假设所采取的技术组合都能够达到一定的（可以改变的）环保水平（即环境容量限制）。

6.2 技术可选情景下的优化分析

基于 5.2 节的本研究所构建"BND 村生猪养殖及废弃物处理的农业生态经济模型"（BEM 模型），本章在此基础上将该模型在"技术选择"维度上予以扩展，使得该模型可以模拟更加复杂的情景，这个新的扩展的模型，称为"扩展的 BND 村 生 猪 养 殖 及 废 弃 物 处 理 的 农 业 生 态 经 济 模 型"（Extended BND Ecological-economic Model，简称 E-BEM 模型）。

6.2.1 构建技术集

由于在实际生产和技术采用过程中，同一个技术工艺流程中可能存在可替代可选择的技术，通过不同技术选择的重新组合，最后能够达到同样的生产目标或者废弃物处理目标。本研究将这些能完成基本相同功能的多种可选技术组成相对应处理环节（或工艺）的技术集。基于这个技术集，模型可以从中优化选择相应的技术，达到在满足一定环境要求的条件下，实现经济利益的最大化。

根据养殖场废弃物处理和利用的工艺要求和现实中存在的可供选择加以利用的技术种类，本研究构建如表 6.1 所示的技术集。

表 6.1　废弃物处理和利用的技术集

工艺流程	厌氧处理	沼气利用方式	好氧处理	堆肥
工艺和技术选择	UASB 混凝土	民用燃烧	沉淀+曝气+生物氧化塘	固体粪肥堆肥
	UASB 碳钢	发电	SBR	沼渣堆肥
	UASB 拼装	直接排放	氧化沟+沉淀池	
	USR 搪瓷拼装			
	USR 钢筋混凝土			

6.2.2 技术选择函数

在引入新的技术工艺后，需要在原"BND 村生猪养殖及废弃物处理的农业生态经济模型"（BEM）基础上，在各个引入新技术的环节原计算模块中嵌入（增加）技术选择函数以及新技术的技术效率和成本收益函数。新的可选择的技术的引进，将引起系统内投资成本、运行成本以及收益等方面的变化。为优化选择其中的技术，需要构建相应的技术选择函数。其中技术选择可根据技术集中各个可选技术之间的逻辑关系（"或"的关系，还是"与"的关系），建立相应的技术选择函数以在技术集中进行优化选择。下面分别对一些工艺环节的不同技术的成本收益表达、技术选择的条件和约束等函数关系的表达，举例说明如下：

（1）厌氧处理环节

厌氧处理可以采用不同的处理工艺技术或设备结构类型，如 UASB 混凝土、UASB 碳钢、UASB 拼装、USR 搪瓷拼装和 USR 钢筋混凝土结构等。这些类型之间的选择在逻辑运算上是"或"的关系。

厌氧主体投资：

$$I_{\text{厌氧消化器}i} = V_{\text{厌氧消化器容积}} \times P_{\text{厌氧消化器单位投资额}i} \tag{6.8}$$

式中：$I_{\text{厌氧消化器}i}$ —— 不同工艺和结构类型的厌氧消化器的投资造价；

i —— 不同的工艺和结构类型，分别为 UASB 混凝土、UASB 碳钢、UASB 拼装、USR 搪瓷拼装和 USR 钢筋混凝土结构；

$V_{\text{厌氧消化器容积}}$ —— 厌氧消化器的总有效容积；

$P_{\text{厌氧消化器单位投资额}i}$ —— 厌氧消化器的单位造价或称投资额，对于不同类型的厌氧消化器来说其造价不同。

厌氧主体折旧：

$$DP_{\text{厌氧消化器折旧}i} = I_{\text{厌氧消化器}i} / Y_{\text{厌氧消化器}i} \tag{6.9}$$

式中：$DP_{\text{厌氧消化器折旧}i}$ —— 不同工艺和结构类型的厌氧消化器的年折旧费；

$Y_{\text{厌氧消化器}i}$ —— 不同工艺和结构类型的厌氧消化器的折旧年限。

（2）沼气利用环节

在沼气利用上，可以选择"出售给民用"、"沼气发电"或者"直接排放"等三种形式，这些形式之间的选择在逻辑运算上是"与"的关系。

沼气利用价值：

$$Z_{沼气利用年} = Z_{沼气民用年} + Z_{沼气发电年} \qquad (6.10)$$

式中：$Z_{沼气利用年}$ —— 沼气利用的每年总收益；

$\qquad Z_{沼气民用年}$ —— 沼气销售给居民使用的收益；

$\qquad Z_{沼气发电年}$ —— 利用沼气发电每年可以获得的收益。

沼气发电的选择约束：

$$Z_{沼气发电年} \geqslant 0 \qquad (6.11)$$

即需要保证发电利用的收入大于成本时才采用此项利用方式。

沼气利用方式：

$$V_{沼气产年} = V_{沼气出售} + V_{沼气发电} + V_{直接排放} \qquad (6.12)$$

式中：$V_{沼气产年}$ —— 每年沼气总产量，每年生产的按其利用方式可以分为出售供

$\qquad$ 居民使用、用于发电和直接（燃烧后）排放等形式；

$\qquad V_{沼气出售}$ —— 沼气出售量，即居民在一定价格下的购买使用量；

$\qquad V_{沼气发电}$ —— 用于发电的沼气的量；

$\qquad V_{直接排放}$ —— 通过直接燃烧等方式进行排放的沼气量，这部分沼气量不产

$\qquad$ 生经济效益，可以根据实际情况确定。

（3）好氧处理环节

在好氧处理的工艺环节，本研究主要考虑三种目前比较常用的可供选择的好氧处理方式：① 沉淀+曝气+生物氧化塘；② 序批式活性污泥法（SBR）；③ 氧化沟+沉淀池。由于这三种方式在同一废弃物处理工程中只能选择其中一种，它们之间的选择在逻辑运算上是一种"或"的关系。

好氧处理的成本收益：

$$Z_{好氧处理} = \max(Z_{沉淀+曝气+生物氧化塘}, Z_{SBR}, Z_{氧化沟+沉淀池}) \qquad (6.13)$$

式中：$Z_{好氧处理}$ —— 好氧处理工艺环节的总收益；

$\qquad Z_{沉淀+曝气+生物氧化塘}$ —— 采用"沉淀+曝气+生物氧化塘"方式进行好氧处理

$\qquad$ 时的总收益；

Z_{SBR} —— 采用 SBR 方式进行好氧处理时的总收益;

$Z_{氧化沟+沉淀池}$ —— 采用氧化沟+沉淀池方式进行好氧处理时的总收益。

6.2.3 结果及分析

新的可选择的技术的引进,将引起系统内投资成本、运行成本以及收益等方面相应的变化。因而本章将基于 "扩展的 BND 村生猪养殖及废弃物处理的农业生态经济模型",利用实地调查和测量的数据,模拟在当前养殖规模优化的基础上,在废弃物处理与利用方式及其采用的技术都可以加以决策选择和优化的情景下,BND 养殖场怎样通过废弃物处理与利用方式的优化,并在一定的技术集中对不同工艺环节的处理利用技术的进行重新优化选择,在保证一定环境效益的同时达到最大化的经济利益的。表 6.2 展示了优化后的废弃物处理与利用的技术采用的选择结果。表 6.3 展示了技术选择优化后的养殖规模和废弃物处理与利用方式的优化结果。为反映优化后的结果与目前实际情况的对比,表中也列出了没有进行技术选择优化而仅进行养殖规模和废弃物处理与利用方式优化(即技术优化选择前)的优化结果。

表 6.2 技术优化后的技术选择

	技术优化选择前	技术优化选择后
厌氧处理	USR 钢筋混凝土	UASB 拼装
沼气利用	民用燃烧+多余排放	民用燃烧+发电
好氧处理	SBR	"沉淀+曝气+生物氧化塘"
堆肥方式	固体粪肥堆肥+沼渣堆肥	固体粪肥堆肥+沼渣堆肥

表 6.3 技术可选情景下的优化结果

	未加入技术集的优化结果	加入技术集的优化结果
养殖规模:		
母猪存栏/头	3 467	3 741
转栏育肥/头	50 623	54 621
总出栏/头	50 623	54 621
废弃物处理和利用:		
处理固体粪便总量/t	13 785.82	14 874.35
处理污水总量/m³	110 633.98	119 369.64

	未加入技术集的优化结果	加入技术集的优化结果
还田施用面积/hm²	133.33	133.33
还田粪便量/t	3 328.83	3 328.83
生产有机肥粪便量/t	10 456.99	11 545.52
沼气出售/m³	257 310.11	257 310.11
沼气发电/m³	0	315 352.43
有机肥年总产量/t	3 353.11	3 700.01
其中：沼渣有机肥产量/t	85.30	92.04
固体粪便制作粪有机肥产量/t	3 267.81	3 607.98
收益：		
总收益/元	9 016 544.32	10 037 095.36
其中：养殖收益/元	9 160 158.59	9 883 444.29
粪便利用及处理利润/元	−143 614.27	153 651.08
还田收益/元	273 951.01	273 951.01
沼气利用/元	207 251.60	409 637.54
其中：沼气民用/元	207 251.60	207 251.60
沼气发电/元	0.00	202 385.94
有机肥出售收益/元	477 636.53	526 999.18
不计还田的废弃物处理收益/元	−417 565.28	−120 299.93
粪污未处理情况下的排污费/元	−257 777.18	−278 131.26

从表 6.2 和表 6.3 中的模拟结果的比较可以得出以下几点结论：

（1）技术选择

从表 6.2 优化结果可以看出，在技术选择上，有多个环节采取了替代性的技术。通过技术的优化选择，厌氧发酵和好氧处理环节上均引入了更为经济的技术方法。沼气可以通过更多方式加以利用，提高了利用效率。堆肥处理方法在现有的技术选择集内不需要改变利用方法。

①在厌氧处理的技术方法上，优化结果选用了 UASB 拼装技术替代目前的 USR 钢筋混凝土技术来建造厌氧反应器。由于安装技术所限，BND 沼气工程广泛采用钢筋混凝土结构，其安装技术要求较低，使用年限长，因而得到比较广泛的应用。但其造价高，施工期长，且拆卸不便。而采用 UASB 拼装结构则造价相对较低，施工周期短，但其技术含量高，安装技术要求高，需要特殊的机械工具和专业的制罐技术，使用年限也比钢筋混凝土结构略短。从整体效益比较来看，该

技术的应用是一项更为经济的选择。该技术也正逐步应用于污水处理中，随着国产化进程的提高，技术引进的深入，UASB拼装预制技术必将得到广泛的推广与应用。

②在沼气利用上，引入了沼气发电方式。由于居民对于沼气的需求有一定的总量限制，生产出的多余的沼气可以通过沼气发电的方式，转化为清洁高效的能源电能加以资源化地利用，实现更大的收益。但由于沼气发电机发电功率的要求，一般中小型的养殖场难以连续性发电，大多是间歇性发电，不连续地供电。同时由于用电需求在较少用户范围内是不稳定的，电能又难以储存，因而将沼气所发的电能供应上网，在更大的用户范围内达到电能的调度和供需平衡，已经成为这项技术得以应用的必然要求。而沼气发电是一个系统工程，它是沼气发生、净化、贮存、发电及上网等多项技术的优化组合，而且也受到国家沼气发电政策法规和相关技术的影响和制约。目前由于沼气发电上网方面遇到的诸多限制，一般养殖企业难以通过沼气发电方式将多余沼气予以充分的利用。即使采用沼气发电的养殖场其沼气发电站装机多在为几十千瓦到几百千瓦之间，电力公司处于成本的考虑通常不会接收这么小规模的沼气发电上网。因而，发展分布式供电系统在用户附近实施小规模供电，实现电热冷联产，将电能转换为其他形式能源（如热能），实现能源的综合化利用，可能将会成为中小型沼气发电将来的发展方向。同时，我国当前也要积极学习国外先进技术和管理经验，对小规模沼气发电予以技术支持和资金补助，积极推动沼气发电技术在中小型沼气工程中的应用，进而推动畜牧废弃物的资源化利用。

③在好氧处理技术的选择上，优先选用了以"沉淀+曝气+生物氧化塘"法替代目前的序批式活性污泥法（SBR）。序批式活性污泥法（SBR）处理的技术效率高，占地少，是在工业污水处理上广泛采用的一种好氧处理方法。但其初始投资较大，处理运行费用较高，处理系统运行有时不太稳定（邓良伟等，2004）。"沉淀+曝气+生物氧化塘"法采用先沉淀处理，相对于SBR技术，由于采用氧化塘处理其需要占用较大土地面积，占地面积较大，技术效率偏低，但其初始投资少，处理运行费用也较低。一般来说，养殖场所处位置处于郊区或农村，土地价格相对比较低廉，因而从整体上来说，"沉淀+曝气+生物氧化塘"法是相对比较经济的一种好氧处理方法。本研究的这个结论也支持了邓良伟（2006）所提出的"优先考虑自然处理模式，再考虑工业化处理模式"的建议。

（2）废弃物的处理和利用

从表 6.3 可以看出，新技术的引进和选择，使得废物物处理能力和效率得到提高，每年可以增加约 1 088 t 固体粪便和近 8 736 m³ 的污水的处理能力。由于废弃物处理能力的扩大，也导致养殖规模可以适量地扩大，每年能够增加近 4 000 头的生猪出栏量。在沼气的利用方式这一工艺环节上，增加了沼气发电的利用方式，即可以将原先多余的沼气用于发电，通过沼气发电可以增加收入 20 多万元。

（3）收益

从表 6.3 可以看出，与技术优化前的优化结果相比，养殖纯收益和废弃物处理的收益都得到了提高，分别约增加了 72 万元和 30 万元，总收益提高了近 102 万余元。通过技术的优化选择，提高了废弃物处理的技术效率，进而提高了总收益。也就是说，在现有技术集中进行技术的优化选择，可以提高资源的利用效率，增加废弃物处理能力，降低处理利用成本，从而提高总收益。模型中间变量的输入（因为新技术的引进）发生的变化，导致了输出的变化。

由于多余沼气用于发电，增加了一部分发电的收益。同时在废水处理和沼气发酵上通过技术设备的改进，使得处理成本降低，废弃物处理和利用的总收益由负值变为正值，即出现盈利。这将会给养殖场进行废弃物处理和利用带来一定的经济激励。但是，除去还田收益后的废弃物处理和利用的收益仍为负值。由于不计还田的废弃物处理收益过低（甚至为负值），导致农场缺乏足够的经济激励，环境效益仍然难以依靠经济上的激励得以足够的保证。

6.3　环境标准变化下的情景模拟

6.3.1　环境标准的变化

环境标准的制定直接关系到人类的生产和生活行为能否在一定的控制下保证人体健康和生态系统的持续安全。由于经济行为与其环境效应之间的紧密联系，环境标准规定水平的高低直接影响到人们对追求经济利益和环境效益的行为的选择。随着人们对环境研究的深入和环境意识的增强，与人们生产生活密切相关的环境标准必将会发生相应的变化和调整。

　　我国的环境保护及其标准制定工作一直都是在充满矛盾、效果不太理想的（周启星等，2007）。我国的大气质量标准和水质标准经过多年的发展和修订，已经基本形成了一个相对完整的标准体系（万本太，2004）。但是我国土壤环境标准的制定工作，更是大大滞后于大气和水环境标准的制定工作，目前尚没有土地污染防治方面的相关法律法规，当务之急是要进行土壤环境标准的修订和污染土壤修复标准的制定（周启星等，2007）。我国的许多环境问题与农民的不合理施肥有关，而肥料利用率低下的问题也早已为科学界认知（张维理等，2004）。发达国家在农业面源污染治理上，通过大量细致的实地试验，根据不同的土壤类型、水文类型和作物种植状况，对农田面源、畜牧场面源进行分类控制，在各个地块都制定详细的限定性的农业生产技术标准。而我国目前由于科技条件和人们认识的限制，有关环境安全的农业生产技术标准体系还远远没有建立起来。在有机粪肥的施用上，当前在保证粮食安全的背景下，施用有机肥通常基于作物的氮（N）养分的需求计算，然而有机肥含有的 N/P（氮磷比）值一般小于作物对 N、P 的需求比例，结果导致很多地方土壤出现了磷的累积，给环境带来了很大的威胁。因此，改变制约当前不当的施肥的环境标准，对保护良好的生态土壤环境显得尤为重要。

　　本节将分析环境标准改变为"粪便还田以磷氮盈余为零"为新的标准下的废弃物处理与利用方式及其技术的优化选择。以"粪便还田以磷氮盈余为零"为标准可以避免磷在土壤中的累计，防止给土壤和水土造成环境威胁，同时也避免了氮的盈余可能带来的环境危害，因而以后的章节在未特别说明的分析中，都将基于采用此标准。

6.3.2　结果及分析

　　本章 6.1 节所建立的"扩展的 BND 农业生态经济模型"包含了有关环境容量标准的函数，而且模型中的环境容量可以根据一定的政策要求、环境标准和地理条件或生态环境条件加以调整。该模型可以模拟环境标准变化后的废弃物处理与利用方式及其技术采用的优化选择。现在，假设将原来"粪便的还田以氮的最大需求（即氮盈余假设为零）为标准"的环境标准调整为"粪便的还田以磷的最大需求（即磷盈余假设为零）为标准"，在此情景下，通过"扩展的 BND 农业生态经济模型"来模拟环境标准变化下的养殖废弃物处理与利用方式及其对技术进行优化选择产生的变化及其效应。

表 6.4 展示了环境标准变化下的养殖规模和废弃物处理与利用方式的优化结果。

表 6.4 环境标准变化下的优化结果

环境标准	氮盈余为零	磷盈余为零
养殖规模：		
母猪存栏/头	3 741	3 685
转栏育肥/头	54 621	53 798
总出栏/头	54 621	53 798
废弃物处理和利用：		
处理固体粪便总量/t	14 874.35	14 650.44
处理污水总量/m³	119 369.64	117 572.74
还田施用面积/hm²	133.33	133.33
还田粪便量/t	3 328.83	892.55
生产有机肥粪便量/t	11 545.52	13 757.89
沼气出售/m³	257 310.11	257 310.11
沼气发电/m³	315 352.43	306 731.99
有机肥年总产量/t	3 700.01	4 389.99
其中：沼渣有机肥产量/t	92.04	90.65
固体粪便制作粪有机肥产量/t	3 607.98	4 299.34
收益：		
总收益/元	10 037 095.36	9 855 791.41
其中：养殖收益/元	9 883 444.29	9 734 666.14
粪便利用及处理利润/元	153 651.08	121 125.27
还田收益/元	273 951.01	134 709.95
沼气利用/元	409 637.54	403 711.50
其中：沼气民用/元	207 251.60	207 251.60
沼气发电/元	202 385.94	196 459.90
有机肥出售收益/元	526 999.18	624 813.96
不计还田的废弃物处理收益/元	−120 299.93	−13 584.67
粪污未处理情况下的排污费/元	−278 131.26	−273 944.47

为反映环境标准变化情况下的优化效果，本节的优化模拟是在 6.2 节技术采用已经得到优化的基础上进行。为反映优化后的结果与目前环境标准下的情况的

对比，表中也列出了两种环境标准下的优化结果。从表 6.4 优化结果的比较，可以得出以下几点结论：

（1）废弃物处理方式和养殖规模

采用更为严格的土壤环境标准后，粪肥还田量大大减少，从 3 328.83 t 减少到 892.55 t，不足原标准下粪肥施用量的一半。若要满足全部农田氮的需要，需要还田粪肥，远大于目前模型优化得出的还田量。由于环境标准的变化，引起的养殖规模变化不大，养殖规模略微减少，总出栏数减少了 1.5%。为了保护土壤环境，大大地减少了粪肥还田施用量，增加了环境效益，但对养殖规模的影响不大。

（2）收益

采用新的土壤环境标准后，养殖纯收益和废弃物处理收益均有所降低，分别降低 1% 和 20%，总收益降低不大，仅为 1.8%。在以"磷盈余为零"的环境标准下，粪肥的利用效率得到了显著的提高，粪肥价值为 151 元/t，大于"氮盈余为零"的环境标准下粪肥价值 82 元/t，同时远大于 BND 村目前粪肥还田价值 10 元/t。因而以氮的还田限值为标准进行粪肥还田时，虽然由于总粪肥利用量增加导致还田总收益增加，但其还田收益比例降低（直至低于在其他利用方式上的收益）。在新的环境标准下，不计还田的废弃物处理收益提高（或亏损减少）了近 10%，这对养殖场进行废弃物综合化处理有更大的激励作用。

先前的粪肥施用方式是建立在 "以补充氮为目的施用"（氮盈余为零）基础上的，这可能导致粪肥还田的过分使用，虽然增加了氮的利用价值，但是氮的利用价值偏低，其机会成本较大，在经济上是不合理的，且其用量超出了土壤作物的需求，还带来了环境的威胁。

（3）环境效益

粪便"以补充氮为目的施用"比"以补充磷为目的施用"（磷盈余为零）每公顷多施用了 18 t 的粪便，每公顷施用磷总量高达 130 kg，是磷施用推荐标准[①]的近 4 倍，每公顷磷富余 95 kg，给环境带来了很大的危害。而"以补充磷为目的施用"可以在对养殖收益仅为 1% 的情况下，避免这些环境危害，大大提高环境效益。因而，应以磷的施用限值（磷盈余为零）作为环境标准，这样既可以实现经济利益的最大化，又满足环境效益的要求。本章以后的模拟都将建立在粪肥"磷盈余为

---

① 磷还田的一般推荐标准为 35 kgP/hm² （Oenema O，et al.，2004）。

零"，即"以补充磷为目的施用"的施用方式上。

　　同时，根据模型还计算出标准畜牧单位（1 头猪为标准畜牧单位）的耕地占有情况，即耕地亩数/存栏头数等于 1.02，也就是说每头猪产生的粪便需要 1.02 亩的耕地来消纳，这个结论也支持了李国学（1999）提出的"1 头猪的存栏至少需要有 1 亩配套耕地"的建议标准。

6.4　养殖规模变化下的情景模拟

6.4.1　养殖规模的变化

　　近年来，我国标准化规模化畜牧养殖快速发展。当前我国正处于从传统畜牧业向现代畜牧业转变的进程中，养殖方式也正由散养向规模化养殖的方式转变，规模化养殖已成为我国畜牧业进一步发展的方向（于潇萌、刘爱民，2007）。就生猪养殖来说，出栏在 3 000 头以上的规模化养殖场数目从 2001 年的 3 561 户增长到 2008 年的 15 417 户，其出栏生猪总数占当年总出栏的比例从 4.83%增长到 11.78%。截至 2008 年，全年生猪出栏在 3 000 头以上和 5 000 头以上的规模化集中化养殖比例已经分别达到 11.78%和 8.04%以上。随着我国工业化和城镇化进程的推进，城乡居民生活水平不断提高，畜产品的消费需求将持续增加，规模化养殖场将会逐渐增多，养殖规模也有逐渐扩大趋势。不同养殖规模的养殖场在粪污产量、可利用的资金和技术能力上将会有很大的不同，其采取的废弃物处理与利用方式及其技术利用将会有怎样的不同，最终带来怎样的处理效果和经济效益，可以通过 E-BEM 模型的模拟来做进一步的考察。

6.4.2　结果及分析

　　本节将基于上一节优化分析，即环境标准改变（基于 P 的粪肥还田标准）的情况下，同时放宽资金和土地等固定投入的限制，来模拟在不同养殖规模下，养殖场对废弃物处理与利用方式及其技术利用的优化选择。根据分析的需要，作者在表 6.5 中列出了在出栏规模分别为 1 000 头、5 000 头、10 000 头、25 000 头、50 000 头、200 000 头和 250 000 头时的养殖规模和废弃物处理与利用方式的优化结果。

表 6.5　养殖规模变化下的情景模拟

出栏头数	1 000	5 000	10 000	25 000	50 000	200 000
养殖方式：						
母猪存栏/头	68	342	685	1 712	3 425	6 849
总出栏/头	1 000	5 000	10 000	25 000	50 000	100 000
废弃物处理方式：						
处理固体粪便总量/t	272.33	1 361.64	2 723.15	6 807.94	13 616.00	27 232.12
处理污水总量/m³	2 185.48	10 927.41	21 853.83	54 635.81	109 271.12	218 543.22
还田施用面积/hm²	41.53	133.33	133.33	133.33	133.33	133.33
还田粪便量/t	272.33	892.56	892.56	892.56	892.56	892.56
生产有机肥的粪便量/t	0.00	469.08	1 830.60	5 915.38	12 723.45	26 339.57
沼气出售/m³	8 444.87	52 423.01	104 841.33	257 310.11	257 310.11	257 310.11
沼气发电/m³	0.00	0.00	0.00	4 795.55	266 905.92	791 126.64
有机肥年总产量/t	0.00	155.01	588.91	1 890.68	4 060.33	8 399.61
其中：沼渣有机肥产量/t	0.00	8.43	16.85	42.12	84.25	168.50
固体粪便制作粪有机肥产量/t	0.00	146.59	572.06	1 848.56	3 976.08	8 231.11
收益：						
总收益/元	198 879.24	999 318.89	1 917 800.92	4 655 149.16	9 177 052.66	1 8243 066.35
其中：养猪场收益/元	180 951.22	904 756.10	1 809 431.07	4 523 618.23	9 047 317.59	1 8094 716.29
粪便利用及处理利润/元	18 208.02	94 562.79	108 369.86	131 530.92	129 735.07	148 350.06
还田收益/元	41 915.12	134 709.95	134 709.95	134 709.95	134 709.95	134 709.95
沼气利用/元	8 444.87	42 224.35	84 444.92	207 251.60	376 333.45	736 703.86
其中：沼气民用/元	8 444.87	42 224.35	84 444.92	207 251.60	207 251.60	207 251.60
沼气发电/元	0.00	0.00	0.00	0.00	169 081.86	529 452.26
有机肥出售收益/元	0.00	22 192.14	83 934.21	269 171.47	577 903.94	1 195 368.88
不计还田的废弃物处理收益/元	−23 987.09	−40 147.15	−26 340.09	−3 179.02	−4 974.87	13 640.11
粪污未处理情况下的排污费/元	−5 092.17	−25 460.86	−50 919.43	−127 299.71	−254 601.71	−509 205.70

从表 6.5 中的模拟分析结果可以得出以下的结论：

随着养殖规模的变化，其废弃物处理与利用方式将发生相应的变化。废弃物处理的收益随着养殖规模的提高变得越来越经济，在规模较大时可以有一定的盈利。同时随着养殖规模的增大，废弃物处理和利用的方式增多，越来越需要综合化的处理与利用方式，在避免污染的同时获取更大的经济利益。

养殖规模出栏在 1 000 头时，固体粪便将全部通过还田来处理，不需要生产有机肥。污水采用厌氧-好氧结合的方式来净化处理，同时生产出的沼气供居民和养殖场使用，沼渣还田施用。养殖规模在 5 000 头以下时，不计还田的废弃物处理收益大于假如粪污没得到处理而需要缴纳的排污费，这时养殖场将没有从事废弃物处理的经济激励，而宁愿缴纳排污费来获取排污权。养殖规模出栏在大于 5 000 头时，需要利用还田消纳不了的多余粪便去生产有机肥。养殖规模出栏在大于 200 000 头时，不计还田的废弃物处理收益大于零，这时养殖场有一定的经济激励去进行废弃物处理和利用。

模型模拟计算还可以给出各种处理利用方式选择的临界值。出栏在大于 6 823 头时，不计还田的废弃物处理收益大于假如粪污没得到处理而需要缴纳的排污费；反之，不计还田的废弃物处理收益大于假如粪污没得到处理而需要缴纳的排污费。出栏量小于 3 253 头时，不需要利用固体粪便去生产有机肥，仅利用沼渣生产少量有机肥；反之，还田剩余粪便需要加以利用生产有机肥。出栏量大于等于 26 507 头时，可以选择沼气发电方式利用多余沼气的方式；出栏量小于 26 507 头时，虽然也有可能生产出超过居民需求多余的沼气，但利用这部分沼气发电是不经济的。出栏规模大于 81 595 头时，不计还田的废弃物处理收益大于零，这时养殖场有动力去做废弃物处理和利用。当养殖规模小于 81 595 头时，不计还田的废弃物处理收益小于零，也就是说养殖场去处理还田后剩余的粪便需要很大的成本投入同时是没有经济利润的，需要在政策上给予相应的资助和支持。

6.5 市场变化下的情景模拟

6.5.1 土地价格变化下的情景模拟

6.5.1.1 土地价格的变化

由于市场需求和成本节约的推动，我国畜牧养殖业规模化养殖场在空间分布上逐步向发达地区集中，向城郊和居民聚居点（苏杨，2006）。目前的规模化养殖主要集中在经济比较发达的东部沿海城市和大中城市周围。为满足城市"菜篮子"供给，畜牧养殖场向城市郊区周边集聚，并向集约化、规模化方向发展，已成为将来的发展趋势（沈玉英，2004）。由于养殖场及其废弃物处理和利用设施的建立都要占用大量的土地，规模化养殖场向城郊的发展，其地租成本也将会随之增长。同时随着目前我国经济的发展，土地资源日益紧缺，养殖场的占地成本将会随着土地价格的变化而相应变化，土地价格的变化也将会对废弃物处理方式和技术采用产生相应的影响。

就 BND 村养猪场来说，其目前的土地租用价格为 600 元/亩·年。而同在 BND 村的 BND 加工园区的土地租用的市场价格却为租金 6 500 元/亩·年。因为目前 BND 养猪场为 BND 村集体投资的股份合作制企业，地价采用内部定价的方式，地价较低。假如，地价完全由市场价格决定，可能会上升到 6 500 元/亩·年的价格。下面，我们就假设当地价在上涨至市场价格时，养殖废弃物处理与利用方式及其技术选择将会如何变化。

6.5.1.2 结果及分析

本章所建立的"E-BEM"包含了不同技术应用所需要的土地面积及其成本的函数，因而可以来模拟土地价格变化后对于废弃物处理方式和技术选择的影响。本节将在 6.3 节模拟的基础上，进行模拟分析。表 6.6 展示了在两种不同土地价格情况下，养殖规模和废弃物处理与利用方式的优化结果。

表 6.6 土地价格变化下的情景模拟

地价/（元/亩·a）	600	6 500
养殖规模：		
母猪存栏/头	3 685	2 819
总出栏/头	53 798	41 156
废弃物处理和利用：		
处理固体粪便总量/t	14 650.44	11 207.59
处理污水总量/m³	117 572.74	89 943.14
还田施用面积/hm²	133.33	133.33
还田粪便量/t	892.56	892.56
生产有机肥的粪便量/t	13 757.89	10 315.03
沼气出售/m³	257 310.11	257 310.11
沼气发电/m³	306 731.99	174 182.10
有机肥年总产量/t	439.00	3 292.80
其中：沼渣有机肥产量/t	90.65	69.35
固体粪便制作粪有机肥产量/t	4 299.34	3 223.45
收益：		
总收益/元	9 855 791.41	7 549 856.27
其中：养猪场收益/元	9 734 666.14	7 447 019.60
粪便利用及处理利润/元	121 125.27	102 836.67
还田收益/元	134 709.95	134 709.95
沼气利用/元	403 711.50	312 591.37
其中：沼气民用/元	207 251.60	207 251.60
沼气发电/元	196 459.90	105 339.78
有机肥出售收益/元	624 813.96	468 687.15
不计还田的废弃物处理收益/元	−13 584.67	−31 873.28

从表 6.6 中结果的对比分析可以得出如下结论：

土地价格的变化不但导致总体养殖收益及废弃物处理的收益降低，还会使得技术进行重新的选择。土地价格上升后，养殖成本上升，导致养殖规模有所降低，产生和需要处理的废弃物的重量有所降低。土地成本的上升对养殖利润影响较大，总收益减少近 231 万元,其中养殖纯利润减少近 229 万元,废弃物处理和利用的利润减少 2 万余元。不计还田的废弃物处理的花费由于土地成本的上升而增加很多,这可能会降低养殖场进行废弃物处理的积极性,而地价越高的地方越可能靠近城郊和人口集中区,越需要保护进行废弃物的处理的积极性,因而采用和开发占地小且处理效率高的废弃物处理工艺和设备尤显必要。

土地价格的变化,导致某些工艺环节上的技术需进行了重新的选择。在土地价格为 600 元/亩·年时,好氧处理工艺采用了"沉淀+曝气+生物氧化塘"技术,而在土地价格为 6 500 元/亩·年时,好氧处理工艺则采用了序批式活性污泥法(SBR),采用了新技术使土地价格上涨带来的压力尽量降低,废弃物收益降低的幅度远小于养殖纯利润降低的幅度。

同时,模型还可以计算出在两种技术选择上的临界的土地价格,即当土地价格为小于 3 880 元/亩·年时,选择"沉淀+曝气+生物氧化塘"技术;当土地价格为大于等于 3 880 元/亩·年时,选择序批式活性污泥技术(SBR)。这是由于采用"沉淀+曝气+生物氧化塘"技术需要占用较大的土地面积,随地租价格的增长,其投资增长较大,因而在地租价格采用此技术在经济上是没有效率的。而 SBR 方法由于其流程简单,占地少,处理效率高,将来随着养殖场逐步向城郊地区的发展,其应用将会越来越广泛。

6.5.2 电价变化下的情景模拟

6.5.2.1 电价的变化

在过去的 20 年里,经济的迅速增长和生产过程的现代化使我国对电力能源愈加倚重(林伯强,2006)。随着我国经济的快速发展,能源将日益紧缺,电力供应日趋紧张,电价也将会发生相应的变化。2009 年 11 月 19 日国家发展和改革委员会经商国家电力监管委员会、国家能源局出台了电价调整政策,将全国销售电价平均每千瓦时提高 2.80 分,其中北京销售电价提高 3.97 分。虽然调价幅度不大,但也预示着电价可能随着经济的发展和能源使用结构的调整发生一定的变化。

规模化畜牧养殖场在日常照明、母猪繁育、仔猪保育、饲料加工、废水处理和有机肥加工等生产过程中都需要消耗一定的电能,花费一定的用电成本。同时,若养殖场利用沼气发电也能生产出一定的电能，则能节约一部分的电费开支。目前，我国电价根据用电主体的不同执行不同的价格。BND 养猪场目前的电价是根据 2008 年北京当地农业生产用电价格缴纳，价格为 0.58 元/kWh，而目前北京市一般工商业用电电价已经达到了 0.799 元/kWh。将来电价的变化势必会对养殖成本和废弃物处理成本产生较大的影响。

与此同时，沼气发电作为资源再利用的一种方式，可以弥补一部分的养殖场用电成本。畜牧业发达的国家也大多对沼气发电采取了相关的支持和补贴手段。目前，我国的可再生能源法也明确了对各类可再生能源技术给予相应的经济优惠政策（樊京春、秦世平，2006）。而当前在养殖场沼气发电上网还没得实践上广泛推行的情景下，在养殖场这类较小规模的沼气发电的支持政策上更不明确。2010年 7 月 1 日，国家发改委发布的《关于完善农林生物质发电价格政策的通知》（发改价格〔2010〕1579 号）规定了全国统一的农林生物质发电标杆上网电价标准。该"通知"规定，未采用招标确定投资人的新建农林生物质发电项目，统一执行标杆上网电价 0.75 元/kWh。假如养殖场能够充分享受到这一政策的支持，将会对其废弃物处理和利用将会产生怎样的变化，也需要做进一步的考察。

6.5.2.2　结果及分析

本章所建立的"扩展的 BND 农业生态经济模型"包含了各个生产过程及不同设备用电的函数式以及沼气发电生产过程的函数式，可以模拟电力价格变化对于废弃物处理方式和技术选择的影响。本研究假设五种可能出现的情景：① 电价提高 20%，即 0.696 元/kWh，没有上网补贴；② 电价提高 38%，即 0.799 元/kWh，没有上网补贴；③ 电价提高 40%，即 0.812 元/kWh，没有上网补贴；④ 电价提高60%，即 0.928 元/kWh，没有上网补贴；⑤ 电价维持现状 0.580 元/kWh，上网补贴 0.17 元/kWh，即使达到对生物质发电上网优惠的标杆上网电价 0.75 元/kWh。表 6.7 展示了在其中 5 种电价变化和补贴支持情景下，养殖规模和废弃物处理与利用方式的优化结果。为比较分析，表中也列出了 2008 年（电价不变，没有补贴情况下）的优化结果。

表 6.7　电价变化下的情景模拟

电价/（元/kWh）	0.58 （2008 年电价）	0.696 （提高 20%）	0.799 （提高 38%）	0.928 （提高 60%）	0.58 （2008 年电价）
上网补贴/（元/kWh）	0	0	0	0	0.17
养殖规模：					
母猪存栏/头	3 685	3 665	3 657	3 690	3 725
总出栏/头	53 798	53 511	53 395	53 881	54 381
废弃物处理和利用：					
处理固体粪便总量/t	14 650.44	14 572.31	14 540.57	14 673.03	14 809.16
处理污水总量/m³	117 572.74	116 945.68	116 690.94	117 753.99	118 846.44
还田施用面积/hm²	133.33	133.33	133.33	133.33	133.33
还田粪便量/t	892.55	892.56	892.56	892.56	892.56
生产沼气的固体粪便量/t	0.00	0.00	0.00	0.00	0.00
生产有机肥的粪便量/t	13 757.89	13 679.75	13 648.01	0.00	13 916.60
沼气出售/m³	257 310.11	0.00	0.00	0.00	0.00
沼气发电/m³	306 731.99	561 033.87	559 811.78	2011 861.51	570 152.55
有机肥年总产量/t	4 389.99	4 365.09	4 354.97	323.33	4 440.57
其中：沼渣有机肥产量/t	90.65	90.17	89.97	323.33	91.63
固体粪便制作粪有机肥产量/t	4 299.34	4 274.92	4 265.00	0.00	4 348.94
收益：					
总收益/元	9 855 791.41	9 752 573.36	9 713 193.31	9 883 410.16	10 070 238.02
其中：养猪场收益/元	9 734 666.14	9 602 468.71	9 510 424.68	9 507 171.50	9 840 125.02
粪便利用及处理利润/元	121 125.27	150 104.64	202 768.63	376 238.67	230 112.99
还田收益/元	134 709.95	134 709.95	134 709.95	134 709.95	134 709.95
沼气利用/元	403 711.50	464 248.57	545 578.24	2340 017.06	516 011.41
其中：沼气民用/元	207 251.60	0.00	0.00	0.00	0.00
沼气发电/元	196 459.90	464 248.57	545 578.24	2340 017.06	516 011.41
有机肥出售收益/元	624 813.96	604 814.27	588 834.67	50 218.65	632 011.29
不计还田的废弃物处理收益/元	−13 584.67	15 394.70	68 058.68	241 528.72	95 403.05

从表 6.7 中模拟结果的比较分析可以得出如下的结论：

（1）收益

电价上升，养殖成本增大，养殖的纯利润降低。电价上升，有机肥收益逐步降低，但同时沼气发电的收益上升幅度很快，最终导致废弃物处理与利用的收益得到提高。但总体来看，电价上升后，总收益呈现出先下降后上升的"U"形变化趋势。电价上升使得养殖收益降低，废弃物处理收益提高，因而可以说电价的提高将会使得促进和推动养殖场进行废弃物处理与利用。

电价的提高虽然使得养殖场用电成本上升，但如果能通过沼气发电的形式获得一部分电能，可以弥补用电成本上涨。但由于单个或少量的用户难以在电能的供需上达到即时的平衡，因而将沼气工程所生产的电能上网在更大范围内得以使用已成为这项技术得以广泛应用的必然要求。

（2）废弃物处理与利用方式

随着电价的上升，销售给民用的沼气量减少，用于发电的沼气量将增加。同时，随着电价的提高，由于发电收益的激励，导致更多的废弃物从有机肥处理方式上转移过来用于厌氧处理生产更多的沼气，进而用于发电，厌氧处理逐步成为优先选择的处理方式。

电价上升 20% 后，厌氧发酵所生产的沼气全部用于发电。与此同时，粪便处理和利用的利润也逐步上升。不计还田的废弃物处理收益也逐步上升，不计还田的废弃物处理出现盈利。当电价上升 60% 时，用于生产有机肥的粪便量变为零，这时固体粪便除还田外全部进行发酵生产沼气，并用来发电。

模型还计算出了相关的临界值。当电价低于 0.658 元/kWh 时，沼气将优先供应民用，多余的用于发电；当电价高于 0.658 元/kWh 时，沼气将全部用于发电。当电价高于 0.782 元/kWh 时，将开始使用固体粪肥发酵生产沼气。电价在 0.782～0.901 元/kWh 时，固体粪肥发酵生产沼气和固体粪肥进行堆肥生产有机肥两种方式相结合使用。当电价高于 0.901 元/kWh 时，固体粪肥将不再用来生产有机肥，而是全部用来生产沼气。当电价高于 0.661 元/kWh 时，不计还田的废弃物处理开始出现盈利。

（3）补贴

在予以沼气发电电价补贴的情况下，能显著提高沼气发电的收益，这一方面是由于补贴本身的收益；另一方面来源于发电收益促使养殖场扩大规模增加废弃物处理的收益，但其收益的提高更大程度上是来源于减少沼气销售给民用（燃烧）的量转而用于发电所增加的收益。

在补贴沼气发电电价情况下，厌氧发酵所生产的沼气将全部用来发电，同时不计还田的废弃物处理收益由负值变为正值，即（不计还田）废弃物处理的收益由亏损变为盈利，这说明当前的补贴如果确实能够顾及到养殖场的沼气发电项目，确是能够起到其应有的政策效果的。

然而，目前还没有关于养殖场沼电上网给予补贴支持的细化规定。同时，目前我国养殖场利用沼气发电方式遇到的问题不仅仅是是否能够得到电价补贴的问题，更主要也更为关键的问题是养殖场沼气上网的门槛问题。目前我国的沼气发电上网的基础设施不完善，至今国家没有具体政策支持小规模沼气发电上网。而利用沼气工程发电上网，不仅可替代煤炭等能源的消耗，具有明显的节能减排效果，而且对扩大农民就业、增加农民收入和发展循环经济具有重要的作用。因此，当前我国应该借鉴发达国家经验，通过相关法律规定形式，使得电力运营商有义务接纳在其供电范围内生产的可再生能源电力，并相应给予偿付。同时积极完善有关沼气发电上网的基础设施，提升中小型沼气发电上网的技术效率和经济效益，加大对中小型沼气工程发电上网补贴支持，使得"发电盈利"成为畜牧养殖场进行废弃物资源化的重要动力。

6.5.3 沼气价格和用量变化下的情景模拟

6.5.3.1 沼气价格和用量的变化

农村沼气是农村居民生活能源消费的重要组成部分，发展农村沼气工程，优化农村居民生活能源消费结构，已经成为我国能源战略的重要组成部分（农业部，2007）。建立沼气工程作为农村生物质能源利用的一种方式，对解决我国农村能源利用和畜牧养殖污染问题有十分重要的现实意义，也是目前最有希望实现产业化的生物质能源之一。然而沼气工程一次性投资大，投资回收期长（一般在十年以上），经济效益较低等问题依然制约着大中型沼气工程的产业化发展（王宇欣等，2008）。

沼气价格和用量对沼气工程运营收益产生直接的作用，决定着这项技术的应用的前景。沼气的价格和用量受到个人收入水平、替代性能源价格和当地资源可获得性多方面因素的影响。一般认为，农村人均纯收入对该地区人均沼气消费量的影响是非线性的，在其他条件不变的情况下，随着人均纯收入的增加，人均沼气消费量呈"倒 U"形曲线变化（汪海波、辛贤，2007；高海清、李世平，2008）。随着农民人均收入水平的提高，农村居民使用清洁能源消费的意识有所提高，于是许多资源比较丰富的地区农村居民选择使用沼气，这可以使他们从传统烟熏火燎的炊事中解放出来，还可以实现废弃物再利用；但当收入水平进一步提高时，农村居民的能源消费意识又会随之改变，对使用沼气的偏好降低，转而消费优质的商品能源（汪海波、辛贤，2007）。农民人均纯收入在 4 000 元以上的农户一般不愿意建设沼气池（高海清、李世平，2008）。BND 村居民人均收入已经达到 1.5 万元，将来使用沼气的意愿很可能会大为降低。在沼气的使用价格上，各地也相差较大，即使同在北京郊区的不少沼气工程价格也相差较大。京郊农村的沼气价格一般为 1.5 元/m³，但也有一些地方的价格为 2.0 元/m³（王宇欣等，2008），而目前 BND 村供应的沼气价格为 1.0 元/m³。从热效率分析，每立方沼气所能利用的热量，相当于燃烧 3.13 千克煤所能利用的热量，以此计算沼气替代原煤[①]的价格为 1.92 元/m³。

目前，我国畜牧规模化养殖场中广泛利用沼气工程来处理和利用养殖废弃物，其利用效益直接决定着该项技术的经济可行性。根据以上分析，沼气价格和用量在将来都可能会发生一定的变化，这些变化会给将来畜牧养殖废弃物处理方式的选择带来怎样的影响，可以利用本研究所建立的"扩展的 BND 农业生态经济模型"予以分析。

6.5.3.2 结果及分析

本章所建立的"扩展的 BND 农业生态经济模型"包含了关于沼气生产（厌氧处理）以及沼气利用的两个计算模块。其中，沼气的价格和用量都被假设为外生的变量，现在可以通过假设这些外生变量的变化，模拟在沼气价格及用量发生变化后的废弃物处理与利用方式以及技术的选择。本研究假设 4 种可能出现的情

---

① 2008 年煤炭价格 614 元/t。

景：① 沼气价格提高 50%，即 1.50 元/m³，同时用量不变；② 沼气价格提高 92%，即 1.92 元/m³，同时用量不变；③ 沼气价格降低 50%，即 0.50 元/m³，同时用量不变；④ 用量降为 0。表 6.8 展示了在沼气价格和用量变化情景下，养殖规模和废弃物处理与利用方式的优化结果。为比较分析，表中也列出了价格和用量都不改变情况下的优化结果。

表 6.8　沼气价格和用量变化下的情景模拟

沼气价格/元	1	1.5	1.92	0.5	1
沼气用量	用量不变	用量不变	用量不变	用量不变	用量降低为 0
养殖规模:					
母猪存栏/头	3 685	3 734	3 778	3 673	3 673
总出栏/头	53 798	54 517	55 166	53 619	53 619
废弃物处理和利用:					
处理固体粪便总量/t	14 650.44	14 846.03	15 022.81	14 601.61	14 601.61
处理污水总量/m³	117 572.74	119 142.33	120 561.04	117 180.83	117 180.83
还田施用面积/hm²	133.33	133.33	133.33	133.33	133.33
还田粪便量/t	892.55	892.56	892.56	892.56	892.56
生产有机肥的粪便量/t	13 757.89	13 953.47	14 130.25	13 709.05	13 709.05
沼气出售/m³	257 310.11	0.00	0.00	0.00	0.00
沼气发电/m³	306 731.99	314 261.95	321 068.06	562 161.96	562 161.96
有机肥年总产量/t	4 389.99	4 452.32	4 508.66	4 374.43	4 374.43
其中: 沼渣有机肥产量/t	90.65	91.86	92.95	90.35	90.35
固体粪便制作粪有机肥产量/t	4 299.34	4 360.46	4 415.70	4 284.08	4 284.08
收益:					
总收益/元	9 855 791.41	10 115 499.02	10 352 316.16	9 792 702.89	9 792 702.89
其中: 养猪场收益/元	9 734 666.14	9 864 623.93	9 982 088.90	9 702 217.25	9 702 217.25
粪便利用及处理利润/元	121 125.27	250 875.09	370 227.26	90 485.64	90 485.64
还田收益/元	134 709.95	134 709.95	134 709.95	134 709.95	134 709.95
沼气利用/元	403 711.50	537 542.95	660 584.39	372 052.73	372 052.73
其中: 沼气民用/元	207 251.60	335 906.65	454 269.30	0.00	0.00
沼气发电/元	196 459.90	201 636.30	206 315.09	372 052.73	372 052.73
有机肥出售收益/元	624 813.96	633 683.29	641 700.01	622 599.39	622 599.39
不计还田的废弃物处理收益/元	−13 584.67	116 165.14	235 517.31	−44 224.30	−44 224.30

从表 6.8 中模拟结果的比较分析可以得出如下的结论：

沼气价格的提高，将会使得沼气出售收益、废弃物处理收益均得到提高。沼气收益的提高也使得养殖场有更充足的资金扩大养殖规模，提高养殖的收益。

模拟结果显示价格提高 50%，即提高到目前京郊普遍采用的价格 1.5 元/m^3 后，不计还田的废弃物处理收益开始盈利（正值）。沼气价格降为 0.5 元/m^3 后，沼气将全部用来发电，因为这时按这样的价格出售相对于沼气发电来说是不经济的。其结果等同于沼气销售量为零的情况。沼气的价格降到 0.5 元/m^3 和销售量为零时，沼气收益将全部用来发电，废弃物处理的收益减少近 3 万元，同时养殖收益减少近 3 万元，总收益减少近 6 万元。因而，保证沼气的价格，适当增加沼气的收益，对养殖的发展相对比较重要。

在沼气替代原煤的替代价格 1.92 元/m^3 以下，沼气价格都是可接受的。因此，沼气价格的确定不应过低，否则会影响沼气工程的经营收益。当沼气价格（由供需关系而定）过低时或农民由于收入的提高不接受沼气的利用时，将沼气转化为其他能源（如沼气发电）就显得尤为必要。

同时模型还可以计算出，在沼气利用选择（是"销售给居民使用"还是"沼气发电"）上的临界价格，即当沼气价格大于 0.86 元/m^3 时，优先选择"销售给居民使用"，多余的沼气可考虑用来发电，当沼气价格小于 0.86 元/m^3 时，沼气"销售给居民使用"在经济上不划算，应该选择用于"沼气发电"，沼气的出售价格也至少应该高于这个价格。

6.5.4 有机肥价格变化下的情景模拟

6.5.4.1 有机肥价格的变化

利用固体粪便进行堆肥来生产有机肥，具有节省燃料，发酵产物生物活性强、粪便处理过程中养分损失少等特点，是良好的固体粪便处置方式（国家环保总局自然生态司，2002）。同时在我国很多地方由于长期不合理施用化学肥料，有机肥数量施用不足且不均衡，造成一些农田养分比例失调，导致农田生态环境和土壤理化性状等受到不同程度的破坏，也在一定程度上影响了农产品的安全。而有机粪肥能够向农作物提供多种有机的及无机的养分，又能培肥改良土壤。因此，从将来农业发展的趋势来看，有机肥在我国实现农业可持续发展和农业生态环境保护中具有重要的战略地位（刘秀梅等，2007）。

目前，有机肥在国外农业生产中得到了广泛的应用，美国等西方国家有机肥料施用量已占到肥料总施用量的近 50%。随着我国人们生活水平的不断提高，绿色食品逐步受到青睐，为生产绿色安全的食品，增施有机肥、减少化肥使用量，逐步成为一种发展趋势，有机肥有着广阔的市场前景（刘洪涛等，2010）。而目前我国有机肥市场发育程度较低，市场价格极为混乱。以 BND 来说，初级有机肥的销售价格靠近生产的直接成本（甚至不能弥补固定投资的折旧成本），生产的初级有机肥只能供大田施用，附加值很低。目前，生产的供大田施用的初级有机肥的价格仅在 300 元/t 左右，价格极低，仅能弥补粪便成本（60 元/t）和一些直接消耗。据全国农技中心肥料处资料显示，纯粹的商品有机肥每吨在 400～800 元/t，而北京市生物有机肥价格在 600～800 元/t。2008 年 BND 有机肥场个别情况下有机肥售价也达到 500～600 元/t；BND 有机肥场若是能够改善技术、规范生产，生产出适用于果园蔬菜等经济作物施用的有机肥，其经济价值将会更高，产品价格也将有提高的可能。

有机肥价格直接决定着有机肥生产的经济效益，进而决定着采用这种技术进行废弃物处理的应用前景。在将来有机肥市场得以规范，技术得以完善，品质得以保证的情况下，有机肥价格势必会得到较大程度的提高。这些变化会对将来畜牧养殖废弃物处理与利用方式带来怎样的影响，下面我们可以利用本研究所建立的"扩展的 BND 农业生态经济模型"予以分析。

6.5.4.2 结果及分析

本章所建立的"扩展的 BND 农业生态经济模型"包含了初级有机肥生产的计算模块，其中包括固体粪肥生产的堆肥化生产的技术经济函数，也包括了沼渣进行堆肥生产的技术经济函数。由于目前的价格已是仅能弥补成本的较低的价格（300 元/t），因此本研究假设价格提高到目前市场正常水平（500 元/t）和质量良好时的价格水平（700 元/t），并在此情况下模拟养殖规模和废弃物处理与利用方式以及技术的选择。表 6.9 展示了在有机肥价格变化情景下，养殖规模和废弃物处理与利用方式的优化结果。为比较分析，表中也列出了有机肥价格不改变情况下的优化结果。

表 6.9　有机肥价格变化下的情景模拟

有机肥价格/（元/t）	300	500	700
养殖规模：			
母猪存栏/头	3 685	4 043	4 070
购买仔猪/头	0	0	7 312
转栏育肥/头	53 798	59 021	59 427
育肥出栏/头	53 798	59 021	66 739
废弃物处理和利用：			
处理固体粪便总量/t	14 650.44	16 072.76	17 740.93
处理污水总量/m³	117 572.74	128 987.09	140 330.15
还田施用面积/hm²	133.33	133.33	0.00
还田粪便量/t	892.56	892.56	0.00
生产有机肥的粪便量/t	4 389.99	15 180.20	17 740.93
沼气出售/m³	257 310.11	0.00	0.00
沼气发电/m³	306 731.99	361 491.08	425 715.60
有机肥年总产量/t	4 389.99	4 843.26	5 653.81
其中：沼渣有机肥产量/t	90.65	99.45	109.77
固体粪便制作粪有机肥产量/t	4 299.34	4 743.81	5 544.04
收益：			
总收益/元	9 855 791.41	11 777 479.22	13 899 542.47
其中：养猪场收益/元	9 734 666.14	10 679 739.98	11 584 051.99
粪便利用及处理利润/元	121 125.27	1 097 739.24	2 315 490.48
还田收益/元	134 709.95	134 709.95	0.00
沼气利用/元	403 711.50	441 355.10	485 505.61
其中：沼气民用/元	207 251.60	207 251.60	207 251.60
沼气发电/元	196 459.90	234 103.50	278 254.02
有机肥出售收益/元	624 813.96	1 657 965.85	3 066 041.61
不计还田的废弃物处理收益/元	−13 584.67	963 029.30	2 315 490.48

从表 6.9 中模拟结果的比较分析可以得出如下的结论：

（1）收益

随着有机肥价格的提高，废弃物处理收益持续增长，且远远大于养殖收益增长幅度。同时由于资金更为充裕，养殖纯利润也不断上升，最终导致总收益持续增加。

当有机肥按市场正常价格 500 元/t 销售时，不计还田的废弃物处理收益大于零，这时有机肥场有一定的经济激励去进行废弃物的综合化处理和利用，并从事有机肥生产，有机肥生产可以得到正常持续的发展。当有机肥价格在 700 元/t 时，有机肥生产利润显著提高，为更大地赚取有机肥生产的利润，养殖场可能会通过调整养殖规模的方式，生产出更多的粪肥，实现更大的有机肥生产量，赚取更大的废弃物利用的利润。这时虽然养殖纯利润减少，而有机肥利润增长幅度很大，超过养殖纯利润的减少额，最终导致总收益增加。

（2）养殖方式

有机肥价格从 300 元/t 提高到 500 元/t 时，母猪饲养规模和出栏规模均上升。有机肥从 500 元/t 提高到 700 元/t 时，母猪饲养规模急剧下降，但总出栏量仍然大幅度增加，即养殖场将改变养殖方式，即通过在进行自繁自养的同时，还直接购买仔猪进行育肥饲养。这主要是由于通过粪便堆肥能够获取较大的利润，而通过养殖方式的调整能够更多地产生粪便，并用于有机肥的生产。

（3）废弃物处理与利用

随着有机肥价格的提高，用于生产有机肥的固体粪便量逐渐增加，当有机肥价格足够高时，如在 700 元/t 时，用于直接还田处理的粪便量也将减少，并转移到堆肥处理方式上来。

模型还模拟计算出一些临界值。在有机肥价格大于 312 元/t 时，不计还田的废弃物处理收益开始大于零，这时废弃物处理在经济上是可行的。当有机肥价格大于等于 646 元/t 时，粪便直接还田将变得不经济，将固体粪肥用于全部制作有机肥将会取得更大的经济收益。

实现畜牧粪便的堆肥化，生产有机肥是一种经济有效的规模化养殖废弃物处理与利用方式。但目前有机肥市场十分混乱，价格偏低，严重制约着有机肥市场的正常发展，直至影响了养殖废弃物处理的效果。目前我国有机肥生产基本不需要行政许可，进入门槛低，生产方式五花八门，且大多以小作坊生产为主，设备简陋，产品质量难以保证。由于有机肥市场缺乏强有力质量检查标准和市场规范，市场上的有机肥内在品质也存在较大差异，由于信息不完备导致有机肥市场形成一个"柠檬市场"，价格逐渐走低，妨碍了有机肥市场的正常健康发展。因此，当前有关农业部门、畜牧部门和肥料管理部门亟待制定发展商品有机肥料的政策与法规，将废物的无害化处理与有机肥料生产结合起来，完善有机肥生产规范和产品质量标准，细化产品类别，明确养分含量。同时对市场上销售的有机肥也要加强质量检查和监督力度，对有机肥生产厂家给予一定的技术支持，保证有机肥在合理价格上正常生产经营，推动废弃物的资源化利用，发展循环经济。

此外，通过"扩展的 BND 农业生态经济模型（E-BEM）"还可以模拟在贷款成本、劳动力成本、设备投资和其他生产原料（如腐殖酸、锯末、脱硫剂和机油等）成本变化情景下的养殖方式、废弃物处理与利用方式以及技术的优化选择和相应收益。

6.6　本章小结

本章通过放宽第 5 章的 BEM 模型的假设，并在模型中引入可以从中优选技术的"技术集"，构建了"扩展的 BND 村生猪养殖及废弃物处理的生态经济模型"（E-BEM 模型）。该模型可以适用于更为复杂的现实情境，不但可以进行养殖规模的优化调整，更重要的是其可以模拟在技术可变、环境标准变化、养殖规模变化以及市场情境变化情况下的废弃物处理与利用方式的优化选择及相关技术的优化选择。利用本章所构建的 E-BEM 模型进行技术可变、环境标准可变及市场变化情景下的模拟分析，本章得到了以下几点简要结论：

（1）新的可选择的技术的引进，将引起系统内养殖规模、废弃物处理方式、投资成本、运行成本以及收益等方面的变化。在技术的优化选择后，可以提高资源的利用效率，降低处理利用成本，提高了养殖收益、废弃物处理与利用的收益，从而提高了总收益。

（2）在技术选择上，有多个环节可以采取替代性的技术，提高技术效率和经济效益。通过技术的重新选择，厌氧发酵环节使用 UASB 拼装技术替代目前的 USR 钢筋混凝土技术，好氧处理环节上以"沉淀+曝气+生物氧化塘"法替代目前的序批式活性污泥法（SBR），沼气利用上增加发电技术的引进，均能够提高总体收益。

（3）粪便"以补充氮为目的施用"增加了磷在土壤中的累积，会给土壤环境带来危害。而相对于"以氮的还田施用限值"、"以磷的还田施用限值"作为新的环境标准，可以在养殖收益减少比例较小（1.5%）的程度上，较大程度（10%）地提高不计还田的废弃物处理收益提高，对养殖场进行废弃物综合化处理有更大的激励作用，同时环境效益得到了很大的改善。

（4）随着养殖规模的变化，废弃物处理的收益随着养殖规模的提高变得越来越经济，在规模较大时可以有一定的盈利。同时随着养殖规模的增大，废弃物处理和利用的方式增多，越来越需要综合化的处理与利用方式，在避免环境污染的同时获取更大的经济利益。养殖场要根据自身的养殖规模综合性地选择多种废弃物处理与利用方式。一般来说，固体粪便的利用要优先选择还田方式，然后选择制成有机肥，最后考虑进行沼气化；液体粪污要首先进行固液分离，同时采用厌氧发酵生产沼气，加好氧处理的方法。厌氧好氧处理后的污泥和残渣制成有机肥，增加有机肥的收益。中小型养殖场不计还田的废弃物处理收益一般会小于零，也就是说养殖场处理还田后剩余粪便需要很大的成本投入，而且可能是没有经济利润的，需要在政策上给予相应的资助和支持。随着养殖规模的变化，其废弃物处理与利用方式将发生相应的变化。

（5）土地价格的上升不但导致总体养殖收益及废弃物处理的收益降低，还会使得技术进行重新的选择，以尽量减轻土地成本上升带来的成本压力。由于土地成本的上升而废弃物处理的花费提高较大，将会降低养殖场进行废弃物处理的积极性，而地价越高的地方越可能靠近城郊和人口集中区，越需要保护环境并进行废弃物的处理，因而采用和研发占地面积小而处理效率高的废弃物处理工艺和设备更显必要。

（6）电价上升后，将使得养殖成本增大，养殖的纯利润降低，总收益呈现出先下降后上升的"U"形变化趋势。电价上升使得养殖收益降低，废弃物处理收益提高，因而可以说电价的提高将会使得促进和推动养殖场进行废弃物处理与利用。电价的上涨使得废弃物处理和利用的收益提高，为弥补养殖过程中电费上涨的成本，养殖场有更大的经济动力进行废弃物的综合化利用。同时，随着电价的提高，由于发电收益的激励，导致更多的废弃物从其他处理方式上转移过来用于生产沼气来发电，厌氧处理将逐步成为优先选择的处理方式。在给予沼气发电以电价补贴的情况下，能显著提高沼气发电的收益，这一方面是由于补贴本身的收益；另一方面来源于发电收益促使养殖场扩大规模增加废弃物处理的收益，但其收益的提高很大程度上是来源于沼气减少的民用（燃烧）而用于发电所增加的收益。在沼气发电电价予以一定补贴情况下，厌氧发酵所生产的沼气将全部用来发电，（不计还田）废弃物处理的收益将由亏损变为盈利，这说明养殖场沼气发电项目能够发电上网并能够得到相应的电价补贴，将会有力推动畜牧养殖场进行废弃物资源化的进程。

（7）沼气价格的提高，将会使得沼气出售收益、废弃物处理收益均得到提高。沼气价格较高时，可以使得（不计还田的）废弃物处理有一定的利润，促使养殖场开展废弃物的处理和利用。沼气收益的提高也使得养殖场有更充足的资金扩大养殖规模，提高养殖的收益。保证沼气的价格，适当增加沼气的收益，对养殖的发展相对比较重要。沼气价格的确定不应过低，否则会影响沼气工程的经营收益，进而影响养殖场进行废弃物处理的积极性。当沼气价格（由于供需关系而）过低时或农民由于收入的提高不再使用时，应当采用新技术（如沼气发电）将沼气转化为其他能源就显得尤为必要。

（8）随着有机肥价格的提高，废弃物处理收益持续增长，且远远大于养殖收益增长幅度，养殖纯利润同时也持续上升，将使得总收益持续增加。有机肥价格提高，废弃物处理收益增加，对养殖场有更大的经济激励去进行废弃物的综合化处理和利用。有机肥价格的提高，用于生产有机肥的固体粪便量逐渐增加，当有机肥价格足够高时，用于直接还田处理的粪便量也将减少，并转移到堆肥处理方式上来。有机肥价格的提高还可能会引起养殖规模的优化调整，使得养殖方式存栏出栏结构发生改变。实现畜牧粪便的堆肥化，生产有机肥是一种经济有效的规模化养殖废弃物处理与利用方式。但目前有机肥市场价格混乱，质量缺乏规范，当前亟待完善有机肥生产规范和产品质量标准，对有机肥生产厂家给予一定的技术支持，保证有机肥在合理价格上正常生产经营，推动废弃物的资源化利用。

7 研究结论和启示

7.1 主要结论

　　本研究在对国内外关于规模化畜牧养殖废弃物处理和利用的基础理论、模型运用和技术成果进行系统的分析和梳理的基础上，首先，从宏观上分析总结了我国畜牧养殖业及规模化畜牧养殖的发展情况及其带来的环境危害，并以此为基础着重从废弃物处理方式、利用方式、资源化利用状况、技术采用情况和政策管理等方面分析目前规模化畜牧养殖中废弃物处理和利用中存在的问题及其背后存在的原因。其次，以 BND 村规模化生猪养殖及其废弃物处理和利用情况为范例，运用案例分析的方法从微观角度探讨这些问题存在的内在机理，并为后续模拟研究提供更为现实的基础。再次，基于农业生态经济模型的研究框架，在生产条件不变和废弃物处理技术不变的情景下构建了构建"BND 村生猪养殖及废弃物处理的农业生态经济模型"（BEM 模型），以此来考察在现实静态情景下，废弃物处理和利用的优化选择问题，为 BND 村的废弃物处理提供相关管理和政策建议。最后，本研究将对 BEM 模型进行扩展，引入"技术集"使其能够模拟在技术可变可以重新选择的背景下，养殖场又将如何优化自身的养殖规模和废弃物处理利用方式，达到更大的经济效益和环境效益的。通过构建"扩展的 BND 村生猪养殖及废弃物处理的农业生态经济模型"（E-BEM 模型）使得该农业生态经济模型可以适用于更为复杂的现实情境，不但可以进行养殖规模的优化调整，还可以模拟在技术可变、环境标准变化、养殖规模变化以及市场情境变化情况下的废弃物处理与利用方式的优化选择及相关技术的优化选择。通过以上理论研究、案例研究、模型研究以及 BEM 模型和 E-BEM 模型的优化分析和模拟分析，本研究得出以下几点主要结论：

（1）目前的废弃物处理与利用投资规模大，而收益低（甚至为亏损）导致很多养殖场废弃物处理规模小、效率低，以致造成大量的周边环境污染。一般来说，中小型的养殖场处理自身的废弃物需要投入很大的成本，而且可能是没有经济利润的，需要在政策上给予相应的资助和支持。同时当前畜牧养殖排污费规定金额过低，难以起到环境保护的作用，需要制定更为科学合理的排污费征收制度。

（2）随着养殖规模的变化，其废弃物处理与利用方式将发生相应的变化。养殖场要根据自身的养殖规模综合性地选择多种废弃物处理与利用方式。养殖规模越大，其产生废弃物就越多，就越需要综合化的处理与利用方式，在避免环境污染的同时获取更大的经济利益。一般来说，固体粪便的利用要优先选择还田方式，然后选择堆肥化制成有机肥，最后考虑进行厌氧处理生产沼气；液体粪污要先进行固液分离，然后采用厌氧发酵生产沼气，同时采用好氧处理的方法。厌氧好氧处理后的污泥和残渣制成有机肥。

（3）新的可选技术的引进，将引起系统内养殖规模、废弃物处理方式、投资成本、运行成本以及收益等方面的变化。在技术的优化选择后，可以提高资源的利用效率，降低处理利用成本，提高了养殖收益、废弃物处理与利用的收益，从而提高了总收益。通过养殖规模、废弃物处理与利用方式以及其技术选择的优化调整，不但可以使得养殖的纯收益得到提高，而且可以提高废弃物处理和利用的收益，最终使得养殖场总收益大幅度提高。

（4）养殖废弃物粪便"以补充氮为目的施用"增加了磷在土壤中的累积，会给土壤环境带来危害。而相对于"以氮的还田施用限值"，"以磷的还田施用限值"作为新的环境标准，可以在养殖收益减少比例较小的情况下，较大程度地提高还田外的废弃物处理收益，对养殖场进行废弃物综合化处理有更大的激励作用，同时环境效益得到了很大的改善。粪肥的过量还田，经济效益低下，且对环境带来了危害，应该通过扩大还田面积同时减少单位面积还田量的方式，增加粪肥的还田收益的同时提高环境效益。

（5）土地价格的变化不但导致养殖收益及废弃物处理收益的降低，还会使得相关处理技术进行重新的优化选择，以尽量减轻土地成本上升带来的成本压力。

由于土地成本的上升，废弃物处理的花费提高较大，将会降低养殖场进行废弃物处理的积极性，而地价越高的地方越可能靠近城郊和人口集中区，越需要进行废弃物的处理来保护周边环境，因而当前有必要着力研发和推广占地面积小而处理效率高的废弃物处理工艺和设备。

（6）电价的上涨使得废弃物处理和利用的收益提高，养殖场为弥补养殖过程中电费上涨的成本，这可能会面临有更大的经济动力进行废弃物的综合化利用。同时，随着电价的提高，由于发电收益的激励，将导致更多的废弃物从其他处理方式上转移到沼气发电的利用上，厌氧处理或将逐步成为优先选择的处理方式。

（7）沼气价格的提高，将会使得沼气出售收益、废弃物处理收益均得到提高，也使得养殖场有更充足的资金扩大养殖规模，促进养殖业的发展。当沼气价格过低时或农民由于收入的提高而不再使用沼气时，应当采用新技术（如沼气发电）将沼气转化为其他形式的能源。养殖场沼气发电如果能够上网并得到相应的生物质发电补贴，能够显著提高发电收益，进而提高养殖场总体收益，将会有力推动畜牧养殖场进行废弃物资源化利用的进程。

（8）利用养殖产生固体粪便进行堆肥化生产有机肥，可以提高养殖废弃物的处理能力，使得畜牧粪便在更广阔空间范围内得以还田利用，可以大幅度提高废弃物处理与利用的收益，获得更大的经济效益。有机肥价格的提高，但废弃物处理收益持续增长，养殖纯利润持续上升，养殖场总收益持续增加，养殖场有更大的经济动力去进行废弃物的综合化处理和资源化利用。有机肥价格的提高，将会有更多的固体粪便用于生产有机肥。有机肥价格的提高还可能会引起养殖规模的优化调整，使得存栏出栏结构发生改变。实现畜牧粪便的堆肥化，生产有机肥是一种经济有效的规模化养殖废弃物处理与利用方式。当前亟待完善有机肥生产规范和产品质量标准，对有机肥生产厂家给予一定的技术支持，保证有机肥在合理价格上正常生产经营，推动废弃物的资源化利用。

7.2 政策启示

本研究以 BND 村为例的对规模化畜牧养殖废弃物处理的技术经济优化研究，揭示了规模化畜牧养殖场废弃物处理和利用中技术、经济和环境的内在联系机制，得出了一些可供相关管理者参考的研究结论。基于本研究的研究分析和主要结论，可以为规模化畜牧养殖业的环境管理带来如下启示：

（1）农业政策和环境政策要相配合。对畜牧养殖污染的管理是一个系统性工程，畜牧养殖环境法规的制定不但要考虑到养殖业本身污染治理的环境标准，还要充分考虑到其同种植业以及周边水土环境之间紧密的生态联系。对于规模化养殖场的建立审批和发展管理，地方政府相关农业畜牧业部门和环境保护部门要在政策制定和实施过程中加强沟通与合作。① 在较大规模的养殖场建立和审批的过程中，不但要考察其环保设施配套情况，同时也要考察其周边的自然生态情况、耕地配套情况以及资源化利用措施的采用情况，从源头上防止污染的发生。将动物粪肥作为肥料进行资源化的还田利用是最为经济有效的办法，养殖场的建立应当尽量要保证有一定的配套耕地。② 在畜牧养殖场环境防治中，不能仅仅移植工业污染和城市生活污染的防治办法，要根据当地农业生态经济系统的特点，积极推动"农牧结合"，按照自然生态系统物质循环和能量循环规律，进行全面系统的规划，建立多种经营协调发展的复合农业生产体系。③ 根据当地的自然地理条件，对不同的地区和不同的土壤类型确定畜牧粪便容纳量以及粪便使用的方法和时间，对粪肥的还田利用进行必要的技术指导。④ 环境部门要结合当地农业生产的实际，制定具体的粪肥还田标准和处理后废水的应用标准等环境标准。同时要适当提高目前较低的排污费征收标准，并在实践中予以严格地执行，促使规模化养殖场提高环保意识，积极防治污染。

（2）积极推动畜牧粪便的资源化利用。随着我国畜牧养殖规模的扩大，集约化程度的提高，开展废弃物资源化综合化利用已逐步具有经济上和技术上的可行性。① 当前应当积极通过政策扶持和技术吸收引进等多种措施支持畜牧废弃物的资源化产业的发展，采取多种方式转化利用畜牧养殖有机废弃物，"变废为宝"，综合利用，这样不仅可解决其对农村环境的污染问题，而且可带来良好的社会、经济和生态效益。② 目前政府相关部门需要积极完善有关沼气发电上网的基础设施，提升中小型沼气发电上网的技术效率和经济效益，加大对中小型沼气工程发电上网补贴支持，推动畜牧养殖场沼气发电上网进行废弃物资源化利用的进程。③ 同时当前亟待制定和完善有机肥生产规范和产品质量标准，对有机肥生产厂家给予一定的技术支持，提升废弃物的堆肥化利用的水平。做好有机肥产品的质量检验和质量监督，规范有机肥市场，稳定市场价格，使得养殖场有一定的经济激励去进行废弃物的综合化处理和利用。

（3）因地制宜地推广畜牧养殖废弃物处理和利用技术。① 在畜牧养殖废弃物处理中有各种各样的处理方法和技术选择可供选择，但不管是"工业化处理"（大规模机械化密集式处理）还是"自然处理"（基于土地池塘等），没有一成不变的解决办法，而是要根据当地自然情况和社会经济环境在各种各样的处理方法和技术中进行优化选择和调整。但一般说来，要首先考虑成本较低的自然生态处理的办法，并进行示范性地推广，再考虑机械化设备化的处理办法。② 各级科技部门要重视对畜牧养殖场污染治理技术的研究和实践探索，将科技创新与传统农业经验相结合，用现代的生物技术和工程技术支撑畜牧养殖业的废弃物处理向高效化、无害化、生态化和资源化方向发展。③ 在研究和推广污染治理技术的同时，更要积极推进资源化利用技术的应用和发展，加大对沼气工程设计、沼气发电技术、有机肥堆肥技术和施用方法等的技术研发的支持和技术应用的推广及扶持工作。④ 由于中小型的养殖场处理自身的废弃物需要投入较大的成本，同时又没有足够的经济利润，需要对采用废弃物处理和资源化利用技术措施，并达到当地排放标准和环保要求的养殖场给予一定资金奖励或补贴，以经济手段促使他们积极开展废弃物的处理和利用。

参考文献

[1]   Abadi Ghadim A. K. Water repellency: a whole-farm bio-economic perspective. Journal of Hydrology, 2000, 231-232: 396-405.

[2]   Anderson C. L. The production process: Inputs and wastes. Journal of Environmental Economics and Management, 1987, 14 (1): 1-12.

[3]   Anderson N., Strader R., Davidson C. Airborne reduced nitrogen: ammonia emissions from agriculture and other sources. Environment International, 2003, 29: 2777-2786.

[4]   Antle J. M., Capalbo S. M. Econometric-process models for integrated assessment of agricultural production systems. American Journal of Agricultural Economics, 2001, 83: 389-401.

[5]   Apland J. The use of field days in economic models of crop farms. Journal of Production Agriculture, 1993, 6: 437-444.

[6]   Archer D. W., Shogren J. F. Risk-indexed herbicide taxes to reduce ground and surface water pollution: an integrated ecological economics evaluation. Ecological Economics, 2001, 38: 227-250.

[7]   Austin E. J., Willock J., Deary I. J., et al. Empirical models of farmer behaviour using psychological, social and economic variables. Part I: linear modelling. Agricultural Systems, 1998, 58: 203.

[8]   Ayres R. U., Kneese A. V. Production, consumption and extemalities. American Economic Review, 1969, 59 (3): 282-297.

[9]   Barbier B., Bergeron G. mpact of policy interventions on land management in Honduras: results of a bioeconomic model. Agricultural Systems, 1999, 60: 1-16.

[10]   Bartolini F., Bazzani G. M., Gallerani V., et al. The impact of water and agriculture policy scenarios on irrigated farming systems in Italy: an analysis based on farm level multiattribute

linear programming models. Agricultural Systems, 2007, 93: 90-114.

[11] Belcher K. W., Boehm M. M., Fulton M. E. Agroecosystem sustainability: a system simulation model approach. Agricultural Systems, 2004, 79: 225-241.

[12] Béline F., Daumer M. L., Guiziou F. Biological aerobic treatment of pig slurry in France: nutrients removal efficiency and separation performances. Transactions of the ASAE, 2004, 47 (3): 857-864.

[13] Béline F., Martinez J., Chadwick D., et al. Factors affecting nitrogen transformations and related nitrous oxide emissions from aerobically treated piggery slurry. Journal of Agricultural Engineering Research, 1999, 73 (3): 235-243.

[14] Benoit M., Veysset P. onversion of cattle and sheep suckler farming to organic farming: adaptation of the farming system and its economic consequences. Livestock Production Science, 2003, 80: 141-152.

[15] Berentsen P. Effects of animal productivity on the costs of complying with environmental legislation in Dutch dairy farming. Livestock Production Science, 2003, 84: 183-194.

[16] Berentsen P., Giesen G. Economic and environmental consequences of different governmental policies to reduce N losses on dairy farms. Netherlands Journal of Agricultural Science, 1994, 42: 11-19.

[17] Berger T. Agent-based spatial models applied to agriculture: a simulation tool for technology diffusion, resource use changes and policy analysis. Agricultural Economics, 2001, 25: 245-260.

[18] Bergevoet R. H. M., Ondersteijn C. J. M., Saatkamp H. W., et al. Entrepreneurial behaviour of Dutch dairy farmers under a milk quota system: goals, objectives and attitudes. Agricultural Systems, 2004, 80: 1-21.

[19] Berntsen J., Petersen B. M., Jacobsen B. H., et al. Evaluating nitrogen taxation scenarios using the dynamic whole farm simulation model FASSET. Agricultural Systems, 2003, 76: 817-839.

[20] Beukes P. C., Cowling R. M., Higgins S. I. An ecological economic simulation model of a non-selective grazing system in the Nama Karoo, South Africa. Ecological Economics, 2002, 42: 221-242.

[21]   Boiran B., Couton Y., Germon J. C. Nitrification and denitrification of liquid lagoon piggery waste in a biofilm infiltration-percolation aerated system (BIPAS) reactor. Bioresource Technology, 1996, 55 (1): 63-77.

[22]   Bouma J., Stoorvogel J., Van Alphen B. J., et al. Pedology, precision agriculture, and the changing paradigm of agricultural research. Soil Science Society of America Journal, 1999, 63: 1763-1768.

[23]   Bouzaher A., Cabe R., Johnson S. R., et al. CEEPES: An Evolving System for Agroenvironmental Policy. In: Milon J. W., Shogren J. F. (Eds.), Integrating Economics and Ecological Indicators: Practical Methods for Environmental Policy Analysis. Praeger, Westport, Connecticut, 1995: 67-90.

[24]   Bouzaher A., Lakshminarayan P. G., Johnson S. R., et al. The economic and environmental indicators for evaluating the national pilot project on livestock and the environment. Livestock Series Report 1. Card Staff Report 93-SR 64. Center for Agricultural and Rural Development (CARD). Ames: Iowa State, 1993.

[25]   Bouzaher A., Johnson S. R., Neibergs S., et al. The conceptual framework for the national pilot project on livestock and environment. Livestock Series Report 2. Card Staff Report 93-SR 67. Center for Agricultural and Rural Development (CARD). Ames: Iowa State, 1993.

[26]   Brady M. Managing agriculture and water quality. Four Essays on the Control of Large-scale Nitrogen Pollution. Agraria 369. Acta Universitatis Agriculturae Sueciae. Swedish University of Agricultural Sciences, Uppsala, ISBN 91-576-6199-5, 2003.

[27]   Breeuwsma A., Silva S. Phosphorus fertilization and environmental effects in the Netherlands and the Po region (Italy). Agric. Res. Dep. Rep. 57. Winand Staring Centre for Integrated Land, Soil and Water Res., Wageningen, the Netherlands. 1992.

[28]   Burton C. H., Martinez J. Contrasting the management of livestock manures in Europe with that practised in Asia: what lessons can be learnt? Outlook on Agriculture, 2008, 37 (3): 195-201.

[29]   Burton C. H., Sneath R. W., Misselbrook T. H., et al. The effect of farmscale aerobic treatment of piggery slurry on odour concentration, intensity and offensiveness. Journal of

Agricultural Engineering Research, 1998, 71 (2): 203-211.

[30] Burton C. H., Turner C., et al. Manure Management - Treatment Strategies for Sustainable Agriculture, second ed. Silsoe Research Institute, Wrest Park, Silsoe, Bedford, UK, 2003: 490.

[31] Catelo M. A. O., Narrod C. A., Tiongco M. M. Living with Livestock: Dealing with Pig Waste in the Philippines[R]. Economy and Environment Program for Southeast Asia (EEPSEA) Research Report, 2001. http://www.idrc.ca/eepsea/ev-8256-201-1-DO_TOPIC.html.

[32] Chinh N. Q. Dairy Cattle Development: Environmental Consequences and Pollution Control Options in Hanoi Province, North Vietnam[R]. Economy and Environment Program for Southeast Asia (EEPSEA) Research Report, 2005. http://www.idrc.ca/uploads/user-S/11502734231ChinhRR6.pdf.

[33] Costanza R. Ecological Economics: The Science and Management of Sustainability[M]. New York: Columbia University Press, 1991: 45-67.

[34] Costanza R. What is ecological economics? Ecological Economics, 1989, 1: 1-7.

[35] Costanza R., Farber C. S., Maxwell J. Valuation and management of wetland ecosystems. Ecological Economics, 1989, 1: 335-361.

[36] Costanza R., Wainger L., Folke C., et al. Modeling complex ecological economic systems[J]. Bio-Science, 1993, 43: 545-555.

[37] Crocker T. D., Tschirhart J. Ecosystems, externalities, and economics. Environmental and Resource Economics, 1992, 2: 551-567.

[38] Darwin R., Tsigas M., Lewandrowski M., et al. Land use and cover in ecological economics. Ecological Economics, 1996, 17 (3): 157-181.

[39] De Buck A. J., Hendrix E. M. T., Schoorlemmer H. B. Analysing production and environmental risks in arable farming systems: a mathematical approach. European Journal of Operational Research, 1999, 119: 416-426.

[40] De Wit C. T. Resource use efficiency in agriculture. Agricultural Systems, 1992, 40: 125-151.

[41] Dent J. B., Edwards-Jones G., McGregor M. J. Simulation of ecological, social and economic factors in agricultural systems. Agricultural Systems, 1995, 49: 337-351.

[42]　Dietz F. J., Hoogervorst N. J. P. Towards a sustainable and efficient use of manure in agriculture: The Dutch case. Environmental and Resource Economics, 1991, 1: 313-332.

[43]　Dogliotti S., Rossing W. A. H., van Ittersum M. K. ROTAT, a tool for systematically generating crop rotations. European Journal of Agronomy, 2003, 19: 239-250.

[44]　Dogliotti S., van Ittersum M. K., Rossing W. A. H. A method for exploring sustainable development options at farm scale: a case for vegetable farms in South Uruguay. Agricultural Systems, 2005, 86: 29-51.

[45]　Dorward A. Modelling embedded risk in peasant agriculture: methodological insights from northern Malawi. Agricultural Economics, 1999, 21: 191-203.

[46]　Dorward A., Parton K. Quantitative farm models and embedded risk in complex, diverse and risk prone agriculture[J]. Quarterly Journal of International Agriculture, 1997, 36: 317-330.

[47]　Erisman J. W., Hensen A., de Vries W., et al. NitroGenius: A nitrogen decision support system. A game to develop the optimal policy to solve the Dutch nitrogen pollution problem. Ambio, 2002, 31 (2): 190-196.

[48]　Faber M., Niemes H., Stephan G. Entropy, Environment and Resources: An Essay in Physico-Economics. Heidelberg: Springer-Verlag, 1987: 71-92.

[49]　Faber M., Proops J. L. R. Evolution, Time, Production and the Environment. Heidelberg: Springer-Verlag, 1990: 116-143.

[50]　Falconer K., Hodge I. Using economic incentives for pesticide usage reductions: responsiveness to input taxation and agricultural systems. Agricultural Systems, 2000, 63: 175-194.

[51]　Falconer K., Hodge I. Pesticide taxation and multi-objective policy-making: farm modelling to evaluate profit/environment tradeoffs. Ecological Economics, 2001, 36: 263-279.

[52]　Georgescu-Roegen N. The Entropy Law and the Economic Process. Cambridge, MA: Harvard University Press, 1971: 22-45.

[53]　Gerber P., Chilonda P., Franceschini G., et al. Geographical determinants and environmental implications of livestock production intensification in Asia. Bioresource Technology, 2005, 96 (2): 263-276.

[54]　Gessel P. D., Hansen N. C., Goyal S. M., et al. Persistence of zoonotic pathogens in surface

soil treated with different rates of liquid pig manure. Applied soil Ecology, 2004, 25 (3): 181-276.

[55] Gibbons J. M., Sparkes D. L., Wilson P., et al. Modelling optimal strategies for decreasing nitrate loss with variation in weather - a farm-level approach. Agricultural Systems, 2005, 83: 113-134.

[56] Goldstein A. L., Ritter Gary J. A Performance-Based Non-Point Source Regulatory Program for Phosphorus Control in Florida. in Animal Waste and the Land-Water Interface, KennethSteele, ed., Boca Raton: Lewis Publishers, 1995: 429-440.

[57] Groot J. C. J., Rossing W. A. H., Jellema A., et al. Exploring multi-scale trade-offs between nature conservation, agricultural profits and landscape quality - a methodology to support discussions on land-use perspectives. Agriculture, Ecosystems and Environment, 2007, 120: 58-69.

[58] Gross L. S., Veendorp E. C. H. Growth with exhaustible resources and a materials-balance production function. Natural Resource Modeling, 1990, 4 (3): 77-94.

[59] Guan T. Y., Holley R. A. Pathogen survival in swine manure environments and transmission of human enteric illness - a review[J]. Journal of Environmental Quality, 2003, 32: 383-392.

[60] Hafkamp W. Economic-Environmental Modeling in a National-Regional System. Amsterdam: North Holland, 1984: 97-108.

[61] Harris J. M. World agricultural futures: regional sustainability and ecological limits. Ecological Economics, 1996, 17 (2): 95-115.

[62] Hawkins G. L., Hill D. T., Rochester E. W., et al. Evaluation of overland flow treatment for swine lagoon effluent. Transactions of the ASAE, 1995, 38 (2): 397-402.

[63] Hendriks K., Stobbelaar D. J., Mansvelt J. D. V. The appearance of agriculture an assessment of the quality of landscape of both organic and conventional horticultural farms in West Friesland. Agriculture, Ecosystems and Environment, 2000, 77: 157-175.

[64] Hengsdijk H., van Ittersum M. K. A goal-oriented approach to identify and engineer land use systems. Agricultural Systems, 2002, 71: 231-247.

[65] Hengsdijk H., van Ittersum M. K. Formalizing agro-ecological engineering for future-oriented land use studies. European Journal of Agronomy, 2003, 19: 549-562.

[66]   Hesketh N., Brookes P. C. Development of an indicator for risk of phosphorus leaching. Journal of Environmental Quality, 2000, 29: 105-110.

[67]   Hodges J. Cheap food and feeding the world sustainability. Livestock Production Science, 2005, 92: 1-16.

[68]   Hutchings N. J., Sommer S. G., Andersen J. M. A detailed ammonia emission inventory for Denmark. Atmospheric Environment, 2001, 35 (12): 1959-1968.

[69]   Jacobsen B., Petersen B. M., Berntsen J., et al. An Integrated Economic and Environmental Farm Simulation Model (FASSET). Report no. 102. Statens Jordbrugs- og Fiskeriokonomiske Institut. Kobenhavn. ISSN 1395-5705, 1998.

[70]   Janssen S., van Ittersum M. K. Assessing farm innovations and responses to policies: A review of bio-economic farm models. Agricultural Systems, 2007, 94: 622-636.

[71]   Kandelaars P., van den Bergh J. C. J. M. Analysis of materials-product chains: Theory and application. Environmental and Resource Economics, 1996, 8 (2): 97-118.

[72]   Keller A., Abbaspour K. C. Assesment of uncertainty and risk in modeling regional heavy-metal accumulation in agricultural Soils. Journal of Environmental Quality, 2002, 31 (1): 175-187.

[73]   Kneese A. V., Ayres R. U., D'Arge R. C. Economics and the Environment: A Materials Balance approach. Baltimore: Johns Hopkins Press, 1970: 65-77.

[74]   Koger J. B., van Kempen T., Wossink G. A. RE-Cycle: An Integrated System to Substantially Eliminate the Environmental Impact of Swine Waste; Year 2 Report. 2002. www.cals.ncsu.edu/waste_mgt/smithfield_projects/reports.htm.

[75]   Koger J. B., van Kempen T., Wossink G. A., et al. RE-Cycle: The Production of Liquid Fuels from Swine Waste. 2004. www.energync.net/programe/docs.

[76]   Leneman H., Giesen G. W., Berentsen P. B. M. Costs of reducing nitrogen and phosphorous emissions on pig farms in the Netherlands. Journal of Environmental Management, 1993, 39: 107-119.

[77]   Loyon L., Guiziou F., Béline F. Gaseous emissions (NH$_3$, N$_2$O, CH$_4$ and CO$_2$) from the aerobic treatment of piggery slurry - comparison with a conventional storage system. Biosystems Engineering, 2007, 97 (4): 472-480.

[78]   Makowski D., Hendrix E. M. T., van Ittersum M. K., et al. Generation and presentation of nearly optimal solutions for mixed-integer linear programming, applied to a case in farming system design. European Journal of Operational Research, 2001, 132: 425-438.

[79]   Mapp H. P., Bernardo D. J., Sabbagh G. J., et al. Economic and Environmental Impacts of Limiting Nitrogen Use to Protect Water Quality: A Stochastic Regional Analysis. American Journal of Agricultural Economics, 1994, 76 (4): 889-903.

[80]   Martinez J. Solepur: a soil treatment process for pig slurry with subsequent denitrification of drainage water. Journal of Agricultural Engineering Research, 1997, 66: 51-62.

[81]   Martinez J., Burton C. H., Sneath R. W., et al. A study of the potential contribution of sedimentation to aerobic treatment processes for pig slurry. Journal of Agricultural Engineering Research, 1995, 61 (2): 87-96.

[82]   Martinez J., Dabert P., Barrington S., et al. Livestock waste treatment systems for environmental quality, food safety, and sustainability. Bioresource Technology, 2009, 100 (22): 5527-5536.

[83]   Mausolff C., Farber S. An economic analysis of ecological agricultural technologies among peasant farmers in Honduras. Ecological Economics, 1995, 12 (3): 237-248.

[84]   McCown R. L. Learning to bridge the gap between science-based decision support and the practice of farming: evolution in paradigms of model-based research and intervention from design to dialogue. Australian Journal of Agricultural Research, 2001, 52: 549-572.

[85]   McFarland A. M. S., Hauck L. M. Relating agricultural land use to in-stream stormwater quality. Journal of Environmental Quality, 1999, 28 (3): 836-844.

[86]   Meadows D. H., Richardson J., Bruckmann G. Groping in the Dark: The First Decade of Global Modeling. New York: Wiley, 1982: 154-176.

[87]   Melse R. W., Verdoes N. Evaluation of four farm-scale systems for the treatment of liquid pig manure. Biosystems Engineering, 2005, 92 (1): 47-57.

[88]   Meyer-Aurich A. Economic and environmental analysis of sustainable farming practices - a Bavarian case study. Agricultural Systems, 2005, 86: 190-206.

[89]   Meyer-Aurich A., Zander P., Werner A., et al. Developing agricultural land use strategies appropriate to nature conservation goals and environmental protection. Landscape and Urban

Planning, 1998, 41: 119-127.

[90]   Miller D. N., Varel V. H. Swine manure composition affects the biochemical origins, composition, and accumulation of odorous compounds. Journal of Animal Science, 2003, 81: 2131-2138.

[91]   Misselbrook T. H., Van der Weerden T. J., Pain B. F. Ammonia emission factors for UK agriculture. Atmospheric Environment, 2000, 34 (6): 871-880.

[92]   Morrison D. A., Kingwell R. S., Pannell D. J., et al. A mathematical programming model of a crop-livestock farm system. Agricultural Systems, 1986, 20: 243-268.

[93]   Moxey A. P., White B. Efficient compliance with agricultural nitrate pollution standards. Journal of Agricultural Economics, 1994, 45 (1): 27-37.

[94]   Mozaffari M., Sims T. Phosphorus Availability and Sorption in An Atlantic Coastal Plain Watershed Dominated By Animal-Based Agriculture. Soil Science, 1994, 157 (2): 97-107.

[95]   Hesketh N., Brookes P. C. Development of an indicator for risk of phosphorus leaching. Journal of Environmental Quality, 2000, 29: 105-110.

[96]   Neely W. P., North R. M., Fortson J. C. An Operational Approach to Multiple Objective Decision Making for Public Water Resource Projects Using Integer Goal Programming. American Journal of Agricultural Economics, 1977, 59: 198-203.

[97]   Nicholson F. A., Groves S. J., Chambers B. J. Pathogen survival during livestock manure storage and following land application. Bioresource Technology, 2005, 96 (2): 135-143.

[98]   Nicholson R. J., Webb J., Moore A. A review of the environmental effects of different livestock manure storage systems, and a suggested procedure for assigning environmental ratings. Biosystems Engineering, 2002, 81 (4): 363-377.

[99]   Nijkamp P., van den Bergh J. C. J. M. New advances in economic modelling and evaluation of environmental issues. European Journal of Operational Research, 1997, 99 (1): 180-196.

[100]   O'Callaghan J. R. NELUP: An introduction. Journal of Environmental Planning and Management, 1995, 48 (1): 5-20.

[101]   Oenema O., van Liere E., Plette S. Environmental effects of manure policy options in the Netherlands. Water Science Technology, 2004, 49: 101-108.

[102]   Oglethorpe D. R. Sensitivity of farm planning under risk-averse behaviour: a note on the

environmental implications. Journal of Agricultural Economics, 1995, 46: 227-232.

[103] Oglethorpe D. R., Sanderson R. A. An ecological-economic model for agri-environmental policy analysis. Ecological Economics, 1999, 28: 245-266.

[104] Osei E., Gassman P. W., Hauck L., et al. Economic costs and environmental benefits of manure incorporation on dairy waste application fields. Journal of Environmental Management, 2003, 68 (1): 1-11.

[105] Osei E., Gassman P. W., Jones R. D., et al. Economic and environmental impacts of alternative practices on dairy farms in an agricultural watershed. Journal of Soil and Water Conservation, 2000, 55 (4): 466-472.

[106] Osei E., Gassman P. W., Saleh A. Livestock and the Environment: Lessons from a National Pilot Project. Report No. PR0801. Stephenville, Texas: Texas Institute for Applied Environmental Research, Tarleton State University. 2008.

[107] Osei E., Lakshminarayan P. G., Neibergs S., et al. Livestock and the environment: A national pilot project: Policy space, economic model, and environmental model linkages, CARD Staff Report 95-SR 78, Iowa State University, December 1995.

[108] Oude Lansink A., Peerlings J. Effects of N-surplus taxes: Combining technical and historical information. European Review of Agricultural Economics, 1997, 24 (2): 231-247.

[109] Pacini C. An environmental-economic framework to support multi-objective policy-making: a farming systems approach implemented for Tuscany. Wageningen: Wageningen University, 2003: 135-176.

[110] Pacini C., Wossink A., Giesen G., et al. Ecological-economic modelling to support multi-objective policy making: a farming systems approach implemented for Tuscany. Agriculture, Ecosystems and Environment, 2004, 102: 349-364.

[111] Pacini C., Wossink A., Giesen G., et al. Evaluation of sustainability of organic, integrated and conventional farming systems: a farm and field scale analysis. Agriculture, Ecosystems and Environment, 2003, 95: 273-288.

[112] Pandey S., Hardaker J. B. The role of modelling in the quest for sustainable farming systems. Agricultural Systems, 1995, 47: 439-450.

[113] Pannell D. J., Malcolm B., Kingwell R. S. Are we risking too much? Perspectives on risk

in farm modelling. Agricultural Economics, 2000, 23: 69-78.

[114] Pannell D., Glenn N. A. A framework for the economic evaluation and selection of sustainability indicators in agriculture. Ecological Economics, 2000, 33 (1): 135-149.

[115] Parker D. Controlling agricultural nonpoint water pollution: costs of implementing the maryland water quality improvement act of 1998. Agricultural Economics, 2000, 24 (1): 23-31.

[116] Payraudeau S., Van der Werf H. M. G. Environmental impact assessment for a farming region: a review of methods. Agriculture, Ecosystems and Environment, 2005, 107: 1-19.

[117] Pence N. S., Larsen P. B., Ebbs S. D. The molecular physiolosy of heavy metal transport in the Zn/Cd hyperaccumulator Thlaspi caerulescens. Proceeding of the National Academy Science of the United States of America, 2000, 97 (9): 4956-4960.

[118] Pfister F., Bader H. P., Scheidegger R., et al. Dynamic modelling of resource management for farming systems. Agricultural Systems, 2005, 86: 1-28.

[119] Poulsen H. D., Jongbloed A. W., Latimier P., et al. Phosphorus consumption, utilisation and losses in pig production in France. Livestock Production Science, 1999, 58 (3): 251-259.

[120] Pratt S., Jones R., Jones C., et al. Livestock and the Environment: Expanding the Focus: Policy Options—CEEOT-LP. Report No. PR 96-03. Stephenville, TX: Texas Institute for Applied Environmental Research, Tarleton State University. 1997.

[121] Proops J. L. R. Ecological economics: Rationale and problem areas. Ecological Economics, 1989, 1 (1): 59-76.

[122] Rasul G., Thapa G. B. Sustainability of ecological and conventional agricultural systems in Bangladesh: an assessment based on environmental, economic and social perspectives. Agricultural Systems, 2004, 79 (3): 327-351.

[123] Rennings K. Redefining innovation — eco-innovation research and the contribution from ecological economics. Ecological Economics, 2000, 32 (2): 319-332.

[124] Riesgo L., Gomez-Limon J. A. Multi-criteria policy scenario analysis for public regulation of irrigated agriculture. Agricultural Systems, 2006, 91: 1-28.

[125] Rigby D., Woodhouse P., Young T., et al. Constructing a farm level indicator of sustainable agricultural practice. Ecological Economics, 2001, 39 (3): 463-478.

[126] Ritter W. F., Eastburn R. P. Treatment of dairy cattle wastes by a barriered landscape wastewater renovation system. Journal Water Pollution Control Federation, 1978, 50 (1): 144-150.

[127] Rossing W. A. H., Meynard J. M., van Ittersum M. K. Model-based explorations to support development of sustainable farming systems: case studies from France and the Netherlands. European Journal of Agronomy, 1997, 7: 271-283.

[128] Ruben R., Moll H., Kuyvenhoven A. Integrating agricultural research and policy analysis: analytical framework and policy applications for bio-economic modelling. Agricultural Systems, 1998, 58: 331-349.

[129] Ruth M. Integrating Economics, Ecology and Thermodynamics. Dordrecht: Kluwer Academic Publishers, 1993: 15-54.

[130] Saleh A., Arnold J. G., Gassman P. W., et al. Application of SWAT for the upper North Bosque River Watershed. Transactions of the ASAE, 2000, 43 (5): 1077-1087.

[131] Saleh A., Osei E., Gallego O. Use of CEEOT-SWAPP Modeling System for Targeting and Evaluating Environmental Pollutants. 21st Century Watershed Technology: Improving Water Quality and Environment, Proceedings of the 29 March - 3 April 2008 Conference, (Concepcion, Chile); eds. E.W. Tollner, A. Saleh, St. Joseph MI: ASABE, 29 March 2008 . ASAE Pub #701P0208cd.

[132] Semaan J., Flichman G., Scardigno A. Analysis of nitrate pollution control policies in the irrigated agriculture of Apulia Region (Southern Italy): A bio-economic modelling approach. Agricultural Systems, 2007, 94: 357-367.

[133] Sharpley A. N., Foy B., Whiters P. Practical and innovative measures for the control of agricultural phosphorus losses to water: an overviews. Journal of Environmental Quality, 2000, 29: 1-9.

[134] Sharpley A. N., Daniel T., Sims T., et al. Agricultural phosphorus and Eutrophication. USDA Agricultural Research Service, ARS-149, 1999: 42.

[135] Sharpley A. N., Rekolainen S. Phosphorus in agriculture and its environmental implications. In: Tunney H., Carton O. T., Brookes P.C., Johnston A.E. (Eds.), Phosphorus Loss from Soil to Water, CAB International, London, 1997: 1-53.

[136]　Sharpley A., Daniel T., Wright B., et al. National Research Project to Identify Sources of Agricultural Phosphorus Loss. Better Crops, 1999, 83 (4): 12-14.

[137]　Smith J. B., Weber S. Contemporaneous extemaiities: Rational expectations, and equilibrium production functions in natural resource models. Journal of Environmental Economics and Management, 1989, 17 (5): 155-170.

[138]　Strassert G., Prato T. Selecting farming systems using a new multiple criteria decision model: the balancing and ranking method. Ecological economics, 2002, 40: 269-277.

[139]　Syers J. K., Harris R. F., Armstrong D. E. Phosphate chemistry in lake sediments. Journal of Environmental Quality, 1973, 2: 1-14.

[140]　Szogi A. A., Humenik F. J., Rice J. M., et al. Swine wastewater treatment by media filtration. Journal of Environmental Science and Health B, 1997, 32 (5): 831-843.

[141]　Ten Berge H. F. M., van Ittersum M. K., Rossing W. A. H., et al. Farming options for The Netherlands explored by multi-objective modelling. European Journal of Agronomy, 2000, 13: 263-277.

[142]　Thampapillai D. J., Sinden J. A. Trade-Offs for Multiple Objective Planning Through Linear Programming. Water Resource Research, 1979, 15: 1028-1034.

[143]　Thornton P. K., Herrero M. Integrated crop-livestock simulation models for scenario analysis and impact assessment. Agricultural Systems, 2001, 70: 581-602.

[144]　Tisdale S. L., Nelson W. L., Beaton J. D. Soil fertility and fertilizers. New York: Macmillan, 1985: 632-653.

[145]　Torkamani J. Using a whole-farm modelling approach to assess prospective technologies under uncertainty. Agricultural Systems, 2005, 85: 138-154.

[146]　Turner C., Burton C. H. The inactivation of viruses in pig slurries: a review. Bioresource Technology, 1997, 61: 9-20.

[147]　Turner R. K., van den Berg J. C. J. M., Barendregt A., et al. Ecological-economic analysis of wetlands: scientific integration for management and policy. Ecological Economics, 2000, 35: 7-23.

[148]　Vail D., Hasund K. P., Drake L. The Greening of Agricultural Policy in Industrial Societies: Swedish Reforms in Comparative Perspective. Ithaca: Cornell University Press, 1994:

69-112.

[149] Van Calker K. J., Berentsen P. B. M., de Boer I. M. J., et al. An LP model to analyse economic and ecological sustainability on Dutch dairy farms: model presentation and application for experimental farm "de Marke". Agricultural Systems, 2004, 82(2): 139-160.

[150] Van den Bergh J. C. J. M. Ecological Economics and Sustainable Development: Theory, Methods and Applications. Cheltenham: Edward Elgar, 1996: 82-166.

[151] Van den Bergh J. C. J. M., Nijkamp P. Dynamic macro modelling and materials balance: Economic-environmental integration for sustainable development. Economic Modelling, 1994, 11 (3): 283-307.

[152] Van den Bergh J. C. J. M. A framework for modelling economy-environment-development relationships based on dynamic carrying capacity and sustainable development feedback. Environmental and Resource Economics, 1993, 3 (4): 395-412.

[153] Van den Bergh J. C. J. M., Nijkamp P. Operationalizing sustainable development: dynamic ecological economic models. Ecological Economics, 1991, 4 (1): 11-33.

[154] Van Horn H. H., Newton G. L., Kunkle W. E. Ruminant nutrition from an enviornmental perspective: factors affecting whole-farm nutrient balance. Journal of Animal Science, 1996, 74: 3082-3102.

[155] Van Ittersum M. K., Rabbinge R., van Latesteijn H. C. Exploratory land use studies and their role in strategic policy making. Agricultural Systems, 1998, 58: 309-330.

[156] Van Pelt M. J. F. Sustainability-oriented Project Appraisal for Developing Countries, Ph.D. Dissertation, Wageningen Agricultural University, Wageningen. 1993.

[157] Vatn A., Bakken L., Botterweg P., et al. ECECMOD: An interdisciplinary modelling system for analyzing nutrient and soil losses from agriculture. Ecological Economics, 1999, 30(2): 189-205.

[158] Vermersch D., Bonnieux F., Rainelli P. Abatement of agricultural pollution and economic incentives: The case of intensive livestock farming in France. Environmental and Resource Economics, 1993, 3: 285-296.

[159] Wallace M. T., Moss J. E. Farmer decision-making with conflicting goals: a recursive strategic programming analysis. Journal of Agricultural Economics, 2002, 53: 82-100.

[160] Webb J. Estimating the potential for ammonia emissions from livestock excreta and manures. Environmental Pollution, 2000, 111 (3): 395-407.

[161] Weersink A., Jeffrey S., Pannell D. Farm-level modeling for bigger issues. Review of Agricultural Economics, 2004, 24: 123-140.

[162] Wei Y., Davidson B., Chen D. Balancing the economic, social and environmental dimensions of agro-ecosystems: An integrated modeling approach Agriculture, Ecosystems and Environment, 2009, 131: 263-273.

[163] Wilkinson R. Poverty and Progress: An Ecological Model of Economic Development. London: Methuen, 1973: 75-97.

[164] Wossink G. A. A., de Koeijer T. J., Renkema J. A. Environmental-economic policy assessment: a farm economic approach. Agricultural Systems, 1992, 39: 421-438.

[165] Wossink G. A. A., Oude Lansink A. G. J. M., Struik P. C. Non-separability and heterogeneity in integrated agronomic-economic analysis of nonpoint-source pollution. Ecological Economics, 2001, 38: 345-357.

[166] Anderson T., Folke C., Nystrom S. 环境与贸易——生态、经济、体制和政策. 黄晶, 周乃君, 陆永琪, 译. 北京: 清华大学出版社, 1998: 28-31.

[167] Clark, C. W. 数学生物经济学——可更新资源的最优管理. 周勤生, 丘兆福, 译. 北京: 中国农业出版杜, 1983: 144-147.

[168] Sauvant D., Perez J., Tran G. 饲料成分与营养价值表: 猪、家禽、牛、绵羊、山羊、兔、马和鱼. 谯仕彦, 王旭, 王德辉, 译. 北京: 中国农业大学出版社, 2005: 150-276.

[169] 保罗·萨缪尔森, 威廉·诺德豪斯. 经济学. 萧琛, 译. 北京: 人民邮电出版社, 2005: 114-147.

[170] 卞有生, 金冬霞. 规模化畜牧养殖场污染防治技术研究. 中国工程科学, 2004(3): 53-57.

[171] 车美萍. 可持续发展理论浅析. 生态经济, 1999 (3): 45-47.

[172] 陈立民, 薛毫祥. 泰州市畜牧业资源循环利用存在的问题及对策研究——以江苏现代畜牧科技园为例. 畜牧与饲料科学, 2009 (4): 89-94.

[173] 陈伦寿, 陆景陵. 蔬菜营养与施肥技术. 北京: 中国农业出版社, 2002: 5-104.

[174] 大卫·皮尔斯. 绿色经济的蓝图——衡量可持续发展. 李巍, 译. 北京: 北京师范大学出版社, 1996.

[175] 单计光, 谭支良, 汤少勋. 养殖业排泄物对环境的潜在影响与生态管理. 重庆环境科学, 2003, 25 (12): 90-93.

[176] 邓宏海. 农业生态经济学的方法学基础. 生态学杂志, 1984 (6): 27-30.

[177] 邓良伟. 规模化畜禽养殖废水处理技术现状探析. 中国生态农业学报, 2006 (2): 23-26.

[178] 邓良伟. 规模化猪场粪污处理模式. 中国沼气, 2001, 19 (1): 29-33.

[179] 邓良伟, 陈子爱, 龚建军. 中德沼气工程比较. 可再生能源, 2008 (1): 110-114.

[180] 邓良伟, 陈子爱, 袁心飞, 等. 规模化猪场粪污处理工程模式与技术定位. 养猪, 2008 (6): 21-24.

[181] 邓良伟, 郑平, 陈子爱. Anarwia 工艺处理猪场废水的技术经济性研究. 浙江大学学报 (农业与生命科学版), 2004, 30 (6): 628-634.

[182] 董红敏, 朱志平, 陶秀萍, 等. 育肥猪舍甲烷排放浓度和排放通量的测试与分析. 农业工程学报, 2006 (1): 123-128.

[183] 樊京春, 秦世平. 经济激励政策对生物质能发电电价的影响分析. 中国沼气, 2006 (2): 40-42.

[184] 方斌. 浙江省农业系统技术系数产生、转换及应用分析. 浙江: 浙江大学, 2004.

[185] 冯永辉. 我国生猪规模化养殖及区域布局变化趋势. 中国畜牧杂志, 2006 (4): 22-26.

[186] 付俊杰, 李远. 我国畜禽养殖业污染防治对策. 中国生态农业学报, 2004, 12 (1): 171-173.

[187] 高海清, 李世平. 西北退耕区农户收入水平对沼气消费的影响分析. 开发研究, 2008 (5): 85-87.

[188] 高祥照. 肥料实用手册. 北京: 中国农业出版社, 2002: 231-387.

[189] 郭新芳, 朱跃成, 郭建平. 畜禽粪便综合利用与资源节约型生态农业技术研究. 农业现代化研究, 2009, 30 (5): 603-605.

[190] 国家发展和改革委员会价格司. 全国农产品成本收益资料汇编. 北京: 中国物价出版社, 2001: 58-97.

[191] 国家环保总局自然生态司. 全国规模化畜禽养殖业污染情况调查及防治对策. 北京: 中国环境科学出版社, 2002: 2-179.

[192] 华永新, 朱剑平. 大中型畜禽养殖场沼气工程模式及投资效益分析. 能源工程, 2004 (2): 11-15.

[193] 黄宏坤. 规模化畜禽养殖场废弃物无害化处理及资源化利用研究. 北京：中国农业科学院, 2002.

[194] 黄进勇, 王兆骞. 中国生态农业模式管理信息及决策支持系统的建立. 应用生态学报, 2003（4）：525-529.

[195] 黄志彭. 养殖场畜禽粪污管理系统的研制. 江苏：扬州大学, 2008.

[196] 霍亚贞. 北京自然地理. 北京：北京师范学院出版社, 1989：201-203.

[197] 江希流, 华小梅, 张胜田. 我国畜禽养殖业的环境污染状况、存在问题与防治建议. 农业环境与发展, 2007（4）：61-64.

[198] 金岚, 王根堂, 牛秀丽. 环境生态学. 北京：高等教育出版社, 1993：19-21.

[199] 柯炳生. 集约型畜牧业发展与水资源保护问题. 中国水利, 2005（13）：134-137.

[200] 孔源, 韩鲁佳. 我国畜牧业粪便废弃物的污染及其治理对策的探讨. 中国农业大学学报, 2002（6）：92-96.

[201] 李刚. 论可持续农业生态经济系统. 经济与管理, 2004（12）：8-10.

[202] 李国学.中国规模化畜牧养殖业的环境污染问题与环境标准的利用现状. 1999 中加项目环保与土壤养料管理研讨会论文集. 1999：84-101.

[203] 李国学, 张福锁. 固体废物堆肥化与有机复混肥生产. 北京：化学工业出版社, 2001：25-67.

[204] 李建政, 汪群慧. 废物资源化与生物能源. 北京：化学工业出版社, 2004：46-98.

[205] 李瑾. 基于畜产品消费的畜牧业生产结构调整研究. 北京：中国农业科学院, 2008.

[206] 李瑾, 秦富, 丁平. 我国居民畜产品消费特征及发展趋势. 农业现代化研究, 2007（6）：664-667.

[207] 李立山, 张周. 养猪与猪病防治. 北京：中国农业出版社, 2006：182-184.

[208] 李丽立, 张彬, 唐自如, 等. 养殖业对环境的污染及其营养调控措施. 农业现代化研究, 2008, 29（6）：726-729.

[209] 李淑芹, 胡玖坤. 畜禽粪便污染及治理技术. 可再生能源, 2003（1）：21-23.

[210] 李远. 我国规模化畜禽养殖业存在的环境问题与防治对策. 上海环境科学, 2002（10）：597-599.

[211] 李远, 王晓霞. 我国农业面源污染环境管理：公共政策展望. 环境保护, 2005（11）：23-26.

[212] 林斌，洪燕真，戴永务，等. 规模化养猪场沼气工程发展的财政政策研究. 福建农业学报，2009（5）：478-483.

[213] 林伯强. 中国电力发展：提高电价和限电的经济影响. 经济研究，2006（5）：115-126.

[214] 刘东，马林，王方浩，等. 中国猪粪尿 N 产生量及其分布的研究. 农业环境科学学报，2007（4）：1591-1595.

[215] 刘洪涛，陈同斌，郑国砥，等. 有机肥与化肥的生产能耗、投入成本和环境效益比较分析——以污泥堆肥生产有机肥为例. 生态环境学报，2010（4）：1000-1003.

[216] 刘巧芹，潘瑜春，张清军，等. 基于 GIS 的北京市城郊农村土地利用格局分析. 农业现代化研究，2009（4）：457-460.

[217] 刘荣章，曾玉荣，翁志辉，等. 我国生物质能源开发技术与策略. 中国农业科技导报，2006，8（4）：40-45.

[218] 刘晓利，许俊香，王方浩，等. 我国畜禽粪便中氮素养分资源及其分布状况. 河北农业大学学报，2005（5）：27-32.

[219] 刘秀梅，罗奇祥，冯兆滨，等. 我国商品有机肥的现状与发展趋势调研报告. 江西农业学报，2007（4）：49-52.

[220] 陆景陵. 作物营养与施肥. 北京：农业出版社，1982：34-67.

[221] 吕凯，石英尧，高振魁. 猪粪的成分及其利用的研究. 安徽农业科学，2001（3）：373-374.

[222] 曼昆. 经济学原理. 梁小民，梁砾，译. 北京：北京大学出版社，2009：18-64.

[223] 孟伟，张远，郑丙辉. 水环境质量基准、标准与流域水污染物总量控制策略环境科学研究，2006，19（3）：1-6.

[224] 农业技术经济手册编委会. 农业技术经济手册. 北京：农业出版社，1984：687-1114.

[225] 潘金敏，刘兆球. 生态营养与养殖业环境污染. 饲料研究，2004（10）：25-27.

[226] 沈根祥，钱晓雍，梁丹涛，等. 基于氮磷养分管理的畜禽场粪便匹配农田面积. 农业工程学报，2006（S2）：268-271.

[227] 平狄克，鲁宾费尔德. 微观经济学. 王世磊，译. 北京：中国人民大学出版社，2006，235-257.

[228] 沈根祥，汪雅谷，袁大伟. 上海市郊农田畜禽粪便负荷量及其警报与分级. 上海农业学报，1994，10（S1）：6-11.

[229] 沈满洪，何灵巧. 外部性的分类及外部性理论的演化. 浙江大学学报：人文社会科学版，

2002，32（1）：152-160.

[230]　沈玉英. 畜禽粪便污染及加快资源化利用探讨. 土壤，2004（2）：164-167.

[231]　史光华，孙振钧. 畜牧业可持续发展战略的理论思考. 家畜生态，2004，5（2）：1-4.

[232]　苏杨. 我国集约化畜禽养殖场污染治理障碍分析及对策. 中国畜牧杂志，2006，42（14）：31-34.

[233]　孙永明，李国学，张夫道，等. 中国农业废弃物资源化现状与发展战略. 农业工程学报，2005（8）：169-173.

[234]　孙永明，袁振宏，孙振钧. 中国生物质能源与生物质利用现状与展望. 可再生能源，2006（2）：78-82.

[235]　孙振钧. 有机农业及其发展. 农业工程技术（农产品加工业），2009（2）：35-38.

[236]　孙振钧. 中国生物质产业及发展取向. 农业工程学报，2004（5）：1-5.

[237]　孙振钧，孙永明. 我国农业废弃物资源化与农村生物质能源利用的现状与发展. 中国农业科技导报，2006（1）：6-13.

[238]　孙振钧，袁振宏，张夫道，等. 农业废弃物资源化与农村生物质资源战略研究报告. 国家中长期科学和技术发展战略研究，2004.

[239]　田宗祥. 减少规模化养猪场粪污对环境的影响及调控措施. 国外畜牧学（猪与禽），2009（3）：79-82.

[240]　万本太. 中国生态环境质量评价研究. 北京：中国环境科学出版社，2004：35-111.

[241]　汪海波，辛贤. 中国农村沼气消费及影响因素. 中国农村经济，2007（11）：60-65.

[242]　王方浩，马文奇，窦争霞，等. 中国畜禽粪便产生量估算及环境效应. 中国环境科学，2006（5）：614-617.

[243]　王激清，马文奇，江荣风，等. 中国农田生态系统氮素平衡模型的建立及其应用. 农业工程学报，2007（8）：210-215.

[244]　王凯军，贾立敏. 升流式厌氧污泥床（UASB）反应器的设备化研究. 给水排水，2001（4）：85-90.

[245]　王凯军，金冬霞，赵淑霞，等. 畜禽养殖污染防治技术与政策. 北京：化学工业出版社，2004：7-69.

[246]　王林云. 现代中国养猪. 北京：金盾出版社，2007：551-729.

[247]　王倩. 畜禽养殖业固体废弃物资源化及农用可行性研究. 山东：山东师范大学，2007.

[248] 王松霈. 生态经济学为可持续发展提供理论基础. 中国人口·资源与环境, 2003，13 (2)：11-16.

[249] 王先甲. 最优生产函数的数学规划方法. 武汉水利电力大学学报, 1993, 26 (5): 555-561.

[250] 王宇波，孟祥海，周海川，等. 基于循环经济下的集约型畜禽养殖业可持续发展路径设计——以武汉市为例. 湖北农业科学，2009 (6)：1492-1496.

[251] 王宇欣，苏星，唐艳芬，等. 京郊农村大中型沼气工程发展现状分析与对策研究. 农业工程学报，2008 (10)：291-295

[252] 吴创之. 欧洲生物质能利用的研究现状及探讨. 新能源，1999，21 (3)：30-35.

[253] 吴春明，陈君，蒋保健，等. 农区畜禽规模化生产初探. 中国禽业导刊，2004 (13)：14.

[254] 吴燕，张文阳，庞艳. 畜禽养殖废物资源化与零废物目标. 2009 中国环境科学学会学术年会论文集，2009：863-867.

[255] 相俊红，胡伟. 我国畜禽粪便废弃物资源化利用现状. 现代农业装备，2006 (2)：59-63.

[256] 向云. 我国饲料资源研究与利用现状. 天津农业科学，1999，5 (2)：41-43.

[257] 徐小华，吴仁水. 基于门限协整的猪粮价格关系研究. 农业技术经济，2010 (5)：78-84.

[258] 颜丽. 沼气发电产业化可行性分析. 太阳能，2004 (5)：12-15.

[259] 颜丽，曾有为. 中国沼气发电产业化可行性分析. 中国沼气，2005，23 (S1)：233-237.

[260] 杨国义，陈俊坚，何嘉文，等. 广东省畜禽粪便污染及综合防治对策. 土壤肥料，2005 (2)：46-48.

[261] 杨磊，刘承，张智勇，等. 基于 RFID 可追溯系统的畜产品供应链安全控制研究. 中国畜牧杂志，2009 (18)：22-25.

[262] 杨立彬，李德发，谯仕彦，等. 模拟五品种生长肥育猪体重和采食量变化规律的研究. 中国饲料，2004，11：20-23.

[263] 姚丽贤，周修冲. 有机肥对环境的影响及预防研究. 中国生态农业学报，2005，13 (2)：113-115.

[264] 于潇萌，刘爱民. 促使畜牧业养殖方式变化的因素分析. 中国畜牧杂志，2007 (10)：51-55.

[265] 曾悦，洪华生，王卫平，等. 基于 GIS 的畜禽养殖废弃物土地处理适宜性评价研究. 农业环境科学学报，2005（3）：595-599.

[266] 张承龙. 农业废弃物资源化利用技术现状及其前景. 中国资源综合利用，2002（2）：14-16.

[267] 张翠绵，王占武，李洪涛. 固态畜禽废弃物利用现状及发展对策. 河北农业科学，2004（2）：100-103.

[268] 张帆. 环境与资源经济学. 上海：上海三联书店，上海人民出版社，1998：1-5.

[269] 张维理，冀宏杰，H. Kolbe，等. 中国农业面源污染形势估计及控制对策Ⅱ.欧美国家农业面源污染状况及控制. 中国农业科学，2004（7）：1018-1025.

[270] 张维理，武淑霞，冀宏杰，等. 中国农业面源污染形势估计及控制对策Ⅰ. 21 世纪初期中国农业面源污染的形势估计. 中国农业科学，2004（7）：1008-1017.

[271] 张维理，徐爱国，冀宏杰，等. 中国农业面源污染形势估计及控制对策Ⅲ.中国农业面源污染控制中存在问题分析. 中国农业科学，2004（7）：1026-1033.

[272] 张晓军，史殿林，闻世常，等.BND 村沼气工程运行浅析. 中国沼气，2007，25（6）：38-42.

[273] 张元碧. 集约化养猪场的污染问题及治理模式. 福建环境，2003（4）：45-48.

[274] 章明奎. 农业系统中氮磷的最佳管理实践. 北京：中国农业出版社，2005：32-139.

[275] 赵立欣. 大中型沼气工程技术. 北京：化学工业出版社，2008：57-72.

[276] 夏祖军，张静，古艳山，等. "BND 模式"初现京城——顺义财政支持新农村建设纪实. 中国财经报. 2006-09-15.

[277] 中国可再生能源规模化发展项目办公室. 农村能源工程推广应用组织管理. 2008. http://www.cresp.org.cn/uploadfiles/73/1120/researchreport.

[278] 中国农业科学院土壤肥料研究所. 国家重大科技专项：滇池流域面源污染控制技术研究——精准化平衡施肥技术专题研究报告，2003.

[279] 中华人民共和国环境保护部. 《畜禽养殖业污染防治技术政策（征求意见稿）》编制说明[EB/OL]，2009. http://www.zhb.gov.cn/gkml/hbb/bgth/.

[280] 周国安. 饲料手册. 北京：中国农业出版社，2002：109-711.

[281] 周启星，罗义，祝凌燕. 环境基准值的科学研究与我国环境标准的修订. 农业环境科学学报，2007（1）：1-5.

[282] 朱兆良. 农田中氮肥的损失与对策. 土壤与环境, 2000, 9 (1): 1-6.

[283] 朱志平, 董红敏, 尚斌, 等. 规模化猪场固体粪便收集系数与成分测定. 农业工程学报, 2006, 22 (S2): 179-182.

[284] 左铁镛. 科学把握循环经济内涵 促进人与自然和谐发展. 高等教育研究, 2005 (4): 3-6.